자연이 우리에게 준 1001가지 선물

Chicken Soup for the Nature Lover's Soul
ⓒ 2004 Jack Canfield and Mark Victor Hansen
published by arrangement with Health Communications, Inc.
Deerfield Beach, Florida, U. S. A.
All Rights Reserved
Korean Translation Copyright ⓒ 2005 by Dosol Publishing Co.
through Inter-Ko Book Library Service, Inc.

이 책의 한국어판 저작권은 인터코 에이전시를 통한 HCI 사와의 독점계약으로 한국어 판권을 도솔출판사가 소유합니다. 저작권법에 의하여 한국 내에서 보호를 받는 저작물이므로 무단 전재와 복제를 금합니다.

본문에서 괄호로 묶은 내용은 모두 역자 주이다.

자연이 우리에게 준 1001가지 선물

잭 캔필드 · 마크 빅터 한센 · 스티브 칙맨 엮음 | 신혜경 옮김

옮긴이 신혜경

이화여자대학교 졸업, 시나리오 작가와 영어강사로 활동했으며 현재는 전문번역가로 일하고 있다.
역서로는《사소한 것에 목숨걸지 마라2》《창문이 아름다운 집》《사랑만이 당신을 앞으로 나아가게 합니다》등이 있다.

자연이 우리에게 준 1001가지 선물

잭 캔필드 · 마크 빅터 한센 · 스티브 칙맨 엮음
신혜경 옮김

주간 | 권대웅
책임편집 | 정광준
기획편집 | 고유진, 박현종
디자인 | 한순복
마케팅 | 양승우, 정복순, 이태훈
업무관리 | 최희은

초판 1쇄 찍음 | 2005년 10월 27일
초판 1쇄 펴냄 | 2005년 11월 10일

펴낸곳 | 도솔출판사
펴낸이 | 최정환

등록번호 | 제1-867호   등록일자 | 1989년 1월 17일
주소 | 121-841 서울시 마포구 서교동 460-8번지
전화 | 335-5755   팩스 | 335-6069
홈페이지 | www.dosolbooks.com
전자우편 | dosol511@empal.com

*값은 뒤표지에 있습니다.

ISBN 89-7220-176-6   03840

인간에게 아름다움에 닿고자 하는 갈망은 빵만큼이나 절실한 까닭에
지친 육체와 영혼을 치유하고 다시 살아갈 힘을 주는 자연 속에서
뛰놀고 기도하는 순간만큼 값진 것은 없다.
더그 리손

옮긴이의 말

자연은 때로 삶보다 아름답다

　힘들고 지친 우리 마음과 영혼을 진정으로 위안해주고 어루만져주는 것, 그것이 자연이라는 것을 비로소 잭 캔필드와 마크 빅터 한센은 알았나보다. 그동안 인간을 통한 감동과 성찰 그리고 닭고기 수프처럼 마음을 따뜻하게 해주는 글을 써온 잭 캔필드와 마크 빅터 한센이 처음으로 자연에 눈을 돌려 대자연과 인간과의 친화력을 그려낸 이 작품은 다른 그 어떤 시리즈보다도 미국에서 인기를 끌었던 책이다.
　그 이유는 아마도 자연과 풍경만을 그려낸 것이 아니라 자연의 이야기를 통하여 우리의 삶을 뒤돌아보게 하는 그들 특유의 따뜻한 감동이 덧붙어 있기 때문일 것이다.
　자연에도 이야기가 있다. 마음이 있고 영혼이 있고 가족과 우정이 있다. 아옹다옹 다툼도 있으며 나눔과 사랑도 있다. 분명 목소리가 있다. 그 이야기는 때로 사람들이 살아가며 이루어내는 삶보다 아름답고 눈물겹고 감동적이다.

우연히 만난 바다사자와 말없이 서로 어루만지는 것만으로 친구가 된 이야기, 힘겨운 시간을 보내는 이들이 훌쩍 떠난 산과 강과 호수에서 비로소 희망을 찾고 꿈을 되새기며 돌아오는 이야기, 척박한 땅에 단단히 뿌리를 내린 한 그루 나무의 이야기, 지도에도 없는 땅에 사는 당나귀들의 이야기, 아홉 마리의 새끼 오리를 데리고 고속도로를 건너며 많은 사람들에게 작은 기적을 보여준 어미 오리 이야기….

반딧불이 불빛처럼 작으면서도 아름답게 펼쳐지는 자연의 이야기들은 지구가 사람들만 사는 곳이 아니며 사람들만의 것이 아니라는 것을 말해주고 있다. 랄프 에머슨, 헨리 데이빗 소로우, 헬렌 니어링, 스콧 니어링 등 자연을 예찬하고 자연과 더불어 살다간 사람들, 이제 그들 이름 아래 잭 캔필드와 마크 빅터 한센을 넣어야 할 것 같다.

한 꼭지 한 꼭지 번역을 할 때마다 마치 산으로 강으로 들판으로 놀러 나가는 기분이 들었다. 자전거를 타고, 배낭을 메고 어떨 때는 카누를 타며 거센 강물을 거슬러 가는 것 같기도 했다. 읽어나가는 독자들도 그러하리라 믿는다. 이 책이 그려내고 펼쳐내는 푸르름과 싱그러움 그리고 따뜻하면서도 아름다운 자연의 이야기 속으로 말이다.

2005년 가을 신혜경

◆ 엮은이들의 말

자연과 만난 사람들의 진솔한 이야기

자연은 언제나 내게 은신처가 되어주었다. 몇 해 전 여름도 예외는 아니었다. 휴식이 절실하게 필요했던 나는 내가 자란 캐나다로 떠나기로 결심했다. 그리고 고민 끝에 세 가지 계획을 세웠다.

제일 먼저 들른 곳은 토론토에서 북쪽으로 세 시간 거리에 있는 공원으로, 캐나다 사람들이 즐겨 찾는 장소였다. 사방 5천 킬로미터에 이르는 한적한 호수가 넓게 펼쳐져 있었다. 롭과 나는 장비들을 집어 들었다.

빌 아저씨는 1970년대 초반에 사업을 시작하면서 사무실에다 이런 글이 쓰인 액자를 걸어두었다.

"화가 나고, 예민하며, 심술궂게 변하는 자신을 발견한다면, 주변 사람들에게 10달러씩 벌금을 내라."

얼마 전에 세상을 떠난 빌 아저씨를 너무나도 잘 표현하는 말이다. 아저씨가 세운 가게는 이제 혼자가 되신 아주머니와 아들 리치 부부 그리고 자연 속에서 활동하는 것을 사랑하는 모든 사람이 함께 꾸려나가고 있다. 그리고 이들 모두가 우리의 여행에 필요한 모든 것을 마련해주었다. 닷새 동안 먹을 음식과 머물 텐트, 침낭, 그리고 아주 가볍게 만들어진 근사한 카누까지 말이다.

나는 어릴 적부터 카누를 타왔지만, 롭은 이번이 처음이었다. 우리는 힘껏 노를 저어 조금씩 호수 위로 미끄러져 들어갔다. 카누에 부딪쳐 부서지는 물살 너머로 일상의 스트레스도 사라져갔다. 호수 끝에 도착하면 우리는 카누와 짐을 들고 다음 호수로 향했다. 그렇게 여러 호수를 건너는 동안, 우리는 왜가리와 비버가 만들어놓은 댐과 황소개구리 옆을 지났다. 밤이 되자 우리는 별똥별과 북두칠성을 바라보다 잠이 들었다. 카누를 타고 호수를 건너기란 결코 쉬운 일이 아니었다. 하지만 비와 추위, 진흙과 모기를 견디며 호수를 건넌 우리는 전보다 훨씬 기분이 상쾌했고 활력이 넘쳤다. 자연이, 이 모두를 가능하게 하고 있었다.

우리의 두 번째 목적지는 온타리오 북쪽에 위치한 킬라니 산의 오두막이었다. 제니퍼 이스트와 그녀의 부모님이 우리를 맞아주었는데, 1960년대에 은신처를 짓고 통나무집의 고풍스러운 멋을 지금까지 그대로 유지한 분들이다. 우리는 온통 아름다운 자연으로 둘러싸인 그곳에서 참으로 편안한 3일을 보냈다.

그리고 나서 우리는 밥 선장 부부와 함께 우리가 머물렀던 킬라니 산의 봉우리가 한눈에 보이는 곳에서 요트를 탔다. 분홍색 화강암과 흰색 규암 때문에 햇빛을 받은 산 중턱이 반짝이고 있었다. 우리는 줄무늬 단풍나무를 볼 수 있는 장소는 지상에서 이곳뿐일 것이라고 입을 모았다.

필립 에드워드 섬에 도착하자 병풍처럼 늘어서 바람을 막아주는 소나무들이 우리의 마음을 사로잡았다. 보트를 타는 사람들을 위한 소개 책자에 이런 머리말이 씌어 있었다.

"문명에서 벗어나라. 그리고 바로 이곳에서 진정한 아름다움을 찾으라."

자연이, 이 모두를 가능하게 하고 있었다.

우리의 마지막 목적지는 토론토였다. 우리는 그곳에서 도시의 잘 정돈된 녹색 공간들을 둘러보았다. 너구리와 새들 그리고 다람쥐들이 뛰노는 작은 골짜기와, 옥상에 허브 정원을 가꾼 오래된 호텔들을 말이다. 자연이, 이 모두를 가능하게 하고 있었다.

자연은 여러 모습으로 우리 곁에 존재한다. 그런 까닭에 우리가 놀라운 자연과 조우할 수 있는 방법 또한 수없이 많다. 이 책에는 산들바람과도 같은 잔잔함에서 폭풍과도 같은 격렬함에 이르기까지 다양한 형태로 자연과 만난 사람들의 진솔한 이야기가 담겨 있다. 높은 산의 정상을 향해 힘겨운 걸음을 옮기거나, 친구와 함께 야영을 하거나, 하염없이 강가를 서성이거나, 뒷마당에 매달아놓은 그물침대에서 한가로운 오후를 보낼 때, 당신에게 벅찬 가슴과 모험, 아름다움, 경이로움, 평온함, 그리고 치유의 순간을 선물하는 것 또한 자연이다.

  이 책에 담긴 이야기들을 읽으면서, 당신 또한 대자연이 주는 선물을 만끽할 수 있기를 기원한다.

잭 캔필드 · 마크 빅터 한센 · 스티브 칙맨

차례

- 옮긴이의 말 6
- 엮은이들의 말 8

자연은 또 하나의 가족

흐르는 강물처럼 17 | 엄마는 낚시광 23 | 아버지와의 약속 31 | 어릴 적 나의 엄마처럼 37 | 흰얼굴원숭이 아널드 46 | 조금은 색다른 어머니날 51 | 엄마는 나의 가장 친한 친구 55 | 말하지 않아도 알 수 있는 것 60 | 산 속에서 찾아낸 오아시스 64 | 에밀리 나무 68 | 기러기 섬 71 | 새로운 출발 75

자연은 변함없는 친구

밝은 귀를 가진 다람쥐 소나 83 | 애견 펌킨 89 | 돌고래와 함께 떠나는 여행 93 | 아기 하이에나 페퍼 99 | 바다사자와의 우연한 만남 104 | 기러기 조지 부부 108 | 당나귀들이 머무는 땅 118 | 야생 칠면조들을 부르는 방법 122 | '약속이'라는 이름의 코요테 127 | 새끼 사슴 미스터 버키 140 | 멋진 새 한 마리 149

소중한 추억을 간직한 자연

강에서의 세례식 157 | 뛰어라 숭어야 161 | 타냐의 분홍 날개 연 165 | 아빠의 정원 170 | 세상을 보여주는 큰 나무 173 | 여름이라 불리는 그곳 179 | 아프리카의 한 언덕에 서서 183 | 숲에서 방금 딴 싱싱한 마시멜로 188 | 여름 캠프의 향긋한 공기 193 | 내 마음의 보물 상자 196 | 어미 오리가 보여준 기적 200 | 금잔화에 깃든 추억 204 | 눈 오는 날에 211

영혼의 영원한 안식처 자연

거꾸로 보는 세상 219 | 이 세상 가장 높은 곳에 서서 223 | 캐시 227 | 제니와 걷는 길 233 | 진정한 어른이 된다는 것 236 | 지상의 낙원 242 | 이 고비만 넘기고 나면 247 | 솔송나무 길 256 | 나를 치유한 호수 261 | 자연이 준 선물 267 | 얼음을 깨고 273 | 한 그루의 나무를 심는다는 것 277 | 어김없이 다시 오는 봄 282

자연은 또 하나의 가족

숲을 찾는 것은 나를 찾고 고향을 찾는 일이고
인류와 우리 조상의 삶의 흔적을 찾는 일이며
우주의 질서와 숨결을 찾는 일이다.
— 윌리엄 셰익스피어

흐르는 강물처럼

> 사람들이 인생에서 진정으로 중요한 것에 몰두하기 시작한다면
> 얼마 지나지 않아 낚싯대가 부족하게 될 것이다.
> **더그 리손**

1977년 여름, 미주리 남부 주립공원으로 떠나려 했던 우리의 여행 계획은 어긋나고 말았다. 여덟 살 난 라이언과 다섯 살 난 존은 물론이고 나와 남편 샘 또한 기대에 부풀어 있던 터였다.

일리노이의 평야에 길들여진 우리들은 그동안 수없이 들어온 미주리 오자크 고원의 언덕과 계곡의 아름다움을 직접 눈으로 볼 수 없어 아쉬웠지만, 크게 실망하지는 않았다.

그 대신 우리는 '포효하는 강'이라고 불리는 주립공원에 들렀다. 강물은 아주 차가웠으며 송어들이 헤엄치는 것이 보일 정도로 맑고 투명했다. 바로 그곳에서 남편과 아이들이 플라이 낚시를 처음 시도했다. 아직 서툰 까닭에 송어를 많이 잡지는 못했지만, 덕분에 멋진 사진을 몇 장 찍을 수 있었다.

집으로 돌아와서, 우리는 시간이 나는 대로 다시 그곳에 놀러가자고 약속했다. 그리고 다음 여섯 해 동안 우리는 정말로 그곳에 여러 번 들렀다. 해마다 3월 1일이 되면 송어낚시철이 시작하는 것을 축하하는 여행을 했다. 물론 여름휴가도 그곳에서 보냈다. 시간이 갈수록 남편과 아이들의 낚시 실력이 몰라보게 좋아졌고, 나는 그 모습을 고스란히 사진 속에 담았다.

1983년, 남편 빌이 오자크 지역으로 직장을 옮길 수 있는 기회를 얻었다. 여섯 달 뒤 우리는 주저 없이 스프링필드로 이사했다. 그곳에서 '포효하는 강'까지는 그리 멀지 않았다. 덕분에 우리는 주말마다 너무나도 좋아하는 일을 하며 보낼 수 있게 되었다. 아이들이 다니던 고등학교에서 결석을 알리는 전화가 심심치 않게 걸려왔지만, 나는 언제나 알고 있었다. 어디에서 그 녀석들을 찾을 수 있는지 말이다. '포효하는 강'에 가면 언제나 강둑에 나란히 서서 강물에 낚싯대를 드리운 나의 사랑스런 두 아들을 만날 수 있었다. 정말 아름다운 나날들이었다.

시간은 그렇게 흘러갔고 아이들은 어느새 어른이 되었다. 첫째 라이언은 군에 입대해 루이지애나에서 복무했는데 근처에 호수가 있는 덕분에 틈틈이 플라이 낚시를 즐길 수 있었다. 결혼한 뒤에 대학에 다니기 시작한 둘째 존에게는 벌써 키리라는 예쁜 딸아이가 있었다. 그 이듬해에는 번듯한 직장에 다니게 되었는데, 안타깝게도 결혼 생활은 파경을 맞고 말았다. 하지만 존은 그의 영원한 동지인 아버지, 그리고 형과 함께 낚시하는 것을 멈추지 않았다.

1994년 10월의 어느 서늘한 아침, 존이 우리의 잠을 깨웠다. 우리는 복부가 끔찍스럽게 아프다는 존을 데리고 서둘러 병원으로 향했다. 여러 검사를 거친 후에 내려진 진단은 어이없게도 간암이었다. 존은 고작 스물두 살이었다.

존은 다니던 직장과 학교를 모두 그만두고 정기적으로 화학요법 치료를 받기 시작했다. 그런 와중에서도 그동안 정말 하고 싶었지만 마음속에만 품고 있던 일들을 하나씩 실행에 옮겼다. 존은 서부로 여행을 떠났고, 언젠가 다시 플라이 낚시를 하러 가겠다고 다짐했던 몬타나에서도 얼마 동안 시간을 보냈다.

1996년 어느 날 저녁, 남편 빌과 나는 〈흐르는 강물처럼〉이라는 영화를 봤다. 플라이 낚시를 함께하는 몬타나의 아버지와 두 아들에 관한 이야기였다. 영화가 끝나고 극장 밖으로 나오면서, 우리는 북받쳐 오르는 감정을 어떻게 추슬러야 할지 도무지 알 수가 없었다. 서로 눈을 바라보던 우리는 그 순간 결심했다. 여름이 오면 존과 함께 몬타나로 여행을 떠나기로 말이다.

나는 인터넷을 통해 낚시하기에 가장 좋은 장소를 물색했다. 존을 위한 멋진 여행을 계획한 우리는 가진 돈을 모두 털었고, 부족한 경비는 빌려서 충당했다. 여행 이야기를 꺼내자 존은 기뻐서 어쩔 줄을 몰랐다. 큰아이 라이언은 첫아이의 출산이 임박해 함께할 수 없는 것을 참으로 안타까워 했다.

우리는 강에서 가까운 오두막을 한 채 빌렸다. 우리가 차에서 짐을 다 내리기도 전에 존은 벌써 강가에 나가 서 있었다.

남편과 나는 존에게 다가갔다. 존은 고향에 온 듯 평온해 보였다. 흐르는 강물 속에 존과 그의 낚싯대가 드리워져 있었다. 시간이 그대로 멈춰버린 듯했다. 그곳엔 고통스러운 암도, 가슴 시린 슬픔도 없었다. 단지 우리 아들 존과 송어가 헤엄치는 푸른 강이 있을 뿐이었다.

우리는 그곳에서 꿈같은 2주일을 함께 보냈다. 형편이 넉넉하지 않았지만 길을 안내할 사람을 고용해 높은 산으로 야생송어낚시를 떠나기도 했다.

일년 뒤 마지막 화학치료를 마친 후 다시 받은 검사에서 존은 완치 판정을 받았다. 그의 몸 어디에서도 더 이상 암세포의 흔적이 보이지 않았다. 존은 다시 자유를 얻었다.

그 뒤 몇 달은 다가올 행복에 대한 기대와 미래에 대한 희망찬 계획으로 가득했다. 존에게 브랜디라는 정말 멋진 애인이 생겼다. 그녀에게는 두 살 난 아들 아이작이 있었다. 존, 브랜디, 아이작, 그리고 존의 딸 키리는 어디든 꼭 함께 다녔다. 키리는 제 아빠와 함께 나란히 앉아서 낚시하는 것을 너무나도 좋아했고, 존은 아이작에게 낚시하는 법을 가르쳐주었다. 존과 브랜디는 1999년 6월에 결혼할 계획이었다.

1998년 늦은 가을, 존의 암이 갑자기 재발했다. 체중이 급격히 줄었고, 10월이 되자 암세포가 뇌까지 전이됐다. 방사선치료로 인해 존은 경련을 일으켰다. 190센티미터에 가까운 키에 몸무게는 50킬로그램이 채 안 되었다.

이 모든 악조건에도 불구하고 존은 희망의 끈을 놓지도, 유머 감각을 잃지도 않았다. 방사선치료 후유증으로 머리카락이 모두 빠져버리자 친구 하나가 재미난 가발을 선물했다. 그러자 존은 병원 침대에 일어나 앉아서 그 가발을 꾹 눌러쓰고는 내 카메라를 향해 함박웃음을 지어보였다.

그는 봄이 되어서야 잠시 퇴원할 수 있었다. 결혼식은 5월로 앞당겨졌다. 결혼을 며칠 앞두고 기력을 되찾은 존은 아주 튼튼해 보였다. 결혼식은 가족과 아주 가까운 친구들만 초대한 채 신부 부모님 집 정원에서 조촐하게 치러졌다.

6월이 되자 우리는 '포효하는 강'으로 마지막 여행을 떠났다. 그리 오랫동안은 아니었지만, 존은 강가에서 낚시를 했다. 그는 눈치 빠른 송어가 미끼 무는 것을 기다리는 동안 흔들림 없이 강에 서 있었다. 약해진 몸도 그가 던진 낚싯대의 아름다운 흔들림을 막지는 못했다. 어디선가 한 줄기 산들바람이 깊고 맑은 강물 위로 불어왔다. 우리는 자신이 그토록 좋아하던 풍경과 하나가 된 존을 말없이 바라보고 있었다. 돌이켜 생각하면 그는 이것이 마지막 여행이 되리라는 것을 예감한 듯했다.

1999년 7월 12일. 우리 아들 존은 온 가족이 지켜보는 가운데 평안한 모습으로 눈을 감았다. 장례식은 생전에 그가 바라던 대로 오자크 언덕이 내려다보이는 한 허름한 교회에서 치러졌다.

아이들을 키울 때, 어떤 것이 아이들의 인생에 큰 영향을 미치게 될지는 그 누구도 알 수 없는 일이다. '포효하는 강'으로 떠난 우연한 여행은 우리 아이들이 플라이 낚시와 깊은 인연을 맺는 계기가 되었다. 아이들은 이를 통해 우정과 형제애, 그리고 자연과 하나 되는 법을 배워나갈 수 있었다.

언젠가 존은 이렇게 말했다.

"송어가 헤엄치는 강물 속에 서 있으면, 하늘과 맞닿은 듯한 느낌이 들어요."

지난 3월 1일, 어김없이 송어낚시철이 돌아왔다. 이번에는 라이언이 존의 아들 아이작을 데리고 '포효하는 강'에 들렀다. 자신과 존, 그리고 아버지와 함께 수도 없이 찾았던 지난날처럼 말이다. 아이작이 송어를 세 마리나 낚았다. 존도 분명 어디선가 그 모습을 지켜보며 대견해 했을 것이다.

이렇듯, 희망의 불꽃은 또다시 피어오르는 법이다.

― 수잔 잉글리시 워커

엄마는 낚시광

> 그리하여 결국에는, 힘겨웠던 그 시절이 추억으로 여겨질 것이다.
> **아브라함 링컨**

　엄마는 낚시광이었다. 사우스캐롤라이나 남동부 항만도시인 찰스턴의 명문가에서 태어났지만 말이다. 스무 살 되던 해, 찰스턴 대학을 우등으로 졸업한 엄마는 그 역사의 고장을 미련 없이 떠났다. 숨 막힐 듯 엄격한 사회규범으로 가득한 그곳에 영원한 이별을 고한 것이다. 엄마는 수학 경시대회에서 상금으로 탄 20달러를 들고 바로 기차역으로 갔다. 그리고 가능한 멀리 떨어진 곳으로 가는 표를 한 장 샀다. 그렇게 해서 도착한 곳이 서쪽으로 19달러 6센트만큼 떨어진 텍사스의 오스틴이었다.

　엄마는 그곳에서 아버지를 만났다. 그리고 일사천리로 자그마치 자식을 일곱 명이나 낳았다. 그것도 모두 공주님으로만 말이다. 그러는 동안에도 엄마는 낚시하는 것을 멈추지 않았다. 내가 태어날 무렵에는 낚시 장비며 낚시 의자, 낚시 모자 같은 것들도 제법 갖출 수 있었다. 아버지는 질색했지만, 엄마는 살아 있는 미끼를 즐겨 썼다. 그리고 이 미끼로 농어와 메기를 낚았다.

매년 여름이면 온 가족이 찰스턴 외갓집으로 여행을 떠났다. 일곱 아이를 차에 태우고 엄마는 해마다 그 먼 길을 직접 운전했다. 낮에는 쉬지 않고 차를 몰았고, 밤에는 차를 멈춘 곳에서 야영하며 낚시를 하곤 했다.

엄청나게 긴 여정에 앞서 엄마는 언제나 야전침대 일곱 개와 과일 한 바구니, 그리고 미끼 60리터를 준비했다. 물론 당신의 연장통과 낚싯대, 그리고 줄을 감아올릴 때 사용하는 릴도 잊지 않고 차에 실었다. 여행을 성공적으로 마치려면 우리 중 누구도 살아 있는 미끼를 깔고 앉으면 안 되었다. 주유소에다 누군가를 남겨둔 채 출발하면 안 되는 것은 물론이고 말이다. 빠진 사람 없이 모두 차에 타고 미끼가 안전하다는 사실을 확인하고 나면, 엄마는 너무 어두워 더 이상 갈 수 없을 때까지 자동차 경주 선수처럼 차를 몰았다. 그래서 우리는 늘 허기졌고 지쳐 있었다. 중간에 길을 잃고 할 수 없이 야영을 하는 일도 허다했다.

우리에게 '멈춰서 야영하기'는 낚시에 쓸 미끼를 돌보기 위해 차가 도로에서 벗어나는 것을 의미했다. 엄마는 다른 사람들처럼 해가 질 무렵 밤에 머물 곳을 마련하려고 야영을 준비하는 법이 절대 없었다. 하지만 그때는 현관문을 잠그지 않고 잠을 자고 차에 열쇠를 꽂아둔 채 내려도 안전하던 1950년대였다. 어느 길가에서 잠을 자도 우리는 충분히 안전하다고 느꼈다. 물론 실제로도 그러했다.

 그 일이 일어난 것은 내가 열 살이던 1958년 여름여행 때였다.

 여행 3일 째, 우리는 켄터키에 있는 산을 지나고 있었다. 어떤 경로로 외갓집에 도착할지는 아무도 모르는 일이었다. 그야말로 그때 그때 달랐기 때문에 나는 언제나 한 가지만 기억했다. 바로 외갓집으로 이어지는 오솔길이었다. 오솔길은 내게, 마라톤 선수 앞에 나타난 결승선과 다르지 않았다. 하지만 오솔길은 아직 보이지 않았고 우리는 벌써 몇 시간째 물을 찾아 헤매고 있었다. 드디어 길가에 차를 댔을 때 주변은 온통 칠흑 같은 어둠에 싸여 있었다. 구름 사이로 살짝 모습을 드러낸 초승달이 우리 앞에 놓인 바위를 은은하게 비출 뿐이었다.

 바로 그때, 엄마가 기쁨에 들떠 소리쳤다.

 "세상에 이것 좀 봐, 여긴 국립공원이구나!"

 뒷좌석에서 안도의 한숨이 터져 나왔다.

 "엄마, 우리 여기서 자고 가요!"

 지칠 대로 지친 우리들은 다급하게 외쳤다.

 지난 한 시간 동안 졸지 않으려 당신 뺨을 때려가며 버텨온 까닭에 엄마도 이를 흔쾌히 허락했다.

 우리는 지저분한 길을 벗어나 주차장으로 들어갔다. 어둠 속에서 오두막의 윤곽이 희미하게 드러나고 있었다. 그 곁에는 그렇게 찾아 헤매던 물이 달빛을 받아 반짝이고 있었다.

 "애들아, 저것 좀 봐! 오늘 밤에 묵어갈 오두막이 있구나. 게다가 이건 정말 근사한 호수인걸. 천국이 따로 없구나."

흥분한 엄마가 외쳤다.

우리는 차를 세우고 짐을 내렸다. 그리고 저마다 자신의 짐을 질질 끌고 오두막으로 들어갔다.

오두막의 문은 열려 있었고 안에는 아무도 없었다. 얼핏 보기에도 아주 오래전에 지어진 듯 했다. 하지만 물이 콸콸 나오는 화장실이 있었다. 그것만으로도 우리에게는 더없이 호사스러운 곳이었다. 우리는 며칠 만에 제대로 씻고 소금에 절인 생선과 살짝 구운 크래커로 간단한 식사를 한 뒤 파이로 입가심까지 했다. 그러고 나서 빈 방에 들여놓은 각자의 야전침대에 지친 몸을 뉘였다.

엄마는 낚시 장비를 챙겨들고 호수를 향해 성큼성큼 걸어가기 시작했다. 어깨에 메고 있던 연장통에게 나지막하게 말을 건네는 엄마의 목소리가 창밖에서 들려왔다. 멀리서 자장가처럼 들려오는 엄마의 음성과 우리를 감싸는 오두막의 아늑한 지붕 덕분에 언니와 동생들은 모두 한배에서 태어난 강아지처럼 몸을 동그랗게 만 채로 편안히 잠에 빠져들었다.

나는 잠옷 차림 그대로 내 낚싯대와 릴을 챙겨 들고 서둘러 현관문을 빠져나갔다. 밤안개에 축축해진 풀들 사이로 낚시를 던지고 있는 엄마의 모습이 보였다. 잠깐 동안이긴 했지만, 내 안에 잠들어 있던 낚시에 대한 열정이 꿈틀대는 것을 느꼈다. 언젠가 내게 잡힐 운명을 가지고 태어나 이제는 통통하게 살이 오른 메기 한 마리가 저 호수 안에서 나를 기다리고 있었다. 어찌 설명할 수는 없지만, 나는 이를 알고 있었다.

나는 엄마 옆에 자리를 잡고 앉았다. 그리고 우리는 함께 낚시를 했다. 그곳에는 엄마와 나, 그리고 호수와 초승달뿐이었다. 정말 잠시 동안이었지만, 그 순간은 엄마와 내 기억 속에 소중한 추억으로 영원히 남았다.

엄마는 마술사였다. 언제든지 커다란 물고기를 낚을 수 있었으니 말이다. 엄마는 그날도 어김없이 낚시를 던진 지 30분 만에 6킬로그램이 넘는 메기를 낚아 올렸다.

하지만 그 메기는 오랜 세월 나를 기다려온 나의 살 오른 메기인지도 모를 일이었다. 나는 조바심이 났다.

엄마가 내 앞에 무릎을 꿇고 앉아 낚싯대를 꼭 쥔 내 손을 감싸며 말했다.

"자, 이렇게 하는 거란다…."

엄마는 부드럽고 재빠르게 내 손을 이끌었다. 그러자 낚싯줄이 근사한 곡선을 그리면서 물속으로 던져졌다. 은은한 달빛 아래서 마치 별똥별이 떨어지는 것처럼 보였다. 까만 호수 속으로 빠진 별똥별은 어느새 사라져버렸다.

엄마가 내게 나지막하게 말했다.

"자, 여기를 꽉 잡고 있어야 해."

그러고는 아까 잡아 올린 메기를 깨끗하게 씻기 시작했다. 나는 손가락에 피가 통하지 않을 정도로 낚싯대를 꼭 쥐고 꼼짝 않고 앉아 있었다. 그때 손끝에 뭔가 느낌이 왔다. 갑자기 낚싯줄이 팽팽해지면서 팔을 세게 당겼다. 물속으로 딸려 들어갈 지경이었다.

나는 다급하게 외쳤다.

"엄마, 큰 놈인가 봐요! 놓칠 것 같아요!"

둑 아래쪽으로 발이 미끄러지기 시작하면서 순식간에 발목까지 진흙에 잠기고 말았다.

"엄마, 얼른요!"

엄마가 벌떡 일어나서 내 허리를 감싸 안고 둑 위로 힘껏 당겼다. 그 순간 팽팽했던 줄이 약간 느슨해졌다.

엄마가 소리쳤다.

"지금이야, 어서 줄을 힘껏 당겨라!"

나는 온몸으로 줄을 감아 올렸다. 갑자기, 커다란 메기 한 마리가 내 눈앞에 모습을 드러냈다. 얕은 물가에 누워 파닥거리는 그 녀석은 정말 컸다. 조금 전에 엄마가 잡은 것만큼이나 말이다.

"정말 잘했다."

메기를 둑 위로 조심스럽게 끌어올리며 엄마가 말했다. 성난 메기는 괜히 축축한 풀만 내려치고 있었다. 나는 그만 녹초가 되고 말았다. 낚아 올린 메기를 오두막으로 옮겨온 우리는 이내 깊은 잠에 빠졌다.

하지만 얼마 지나지 않아 낯선 목소리에 잠이 깨고 말았다. 어디선가 그것도 아주 많은 사람들의 목소리가 들려온 것이다. 갑자기 오두막의 문이 벌컥 열리면서 아침 햇살이 쏟아져 들어왔다. 이어 제복을 입은 한 여자가 수많은 사람을 이끌고 오두막으로 들어섰다. 그리고는 그들에게 무언가 열심히 설명하기 시작했다.

"여러분, 이곳이 바로 링컨 대통령이 어린 시절을 보낸 집입니다 아아아아악!"

그녀와 함께 우리 가족도 비명을 질러댔다. 목욕 가운을 흩날리며 한달음에 달려 나간 엄마는 이 무례한 침입자들에게 괴성을 질렀다.

"당신들 도대체 누구기에 곤하게 잠자고 있는 사람들 방에 이렇게 무단으로 침입하는 거야?"

할 말을 잃고 서 있던 가이드는 어떻게든 사태를 수습하려고 말문을 열었다.

"부인, 누구신지는 모르겠지만 이곳은 링컨 대통령의 생가입니다. 동시에 유서 깊은 국립공원이기도 하지요."

간단명료하게 말을 맺은 그녀의 시선이 마루에 놓인 커다란 메기 두 마리에게로 옮겨갔다. 못 본 척하려고 했지만 이미 그녀의 입술이 메스꺼움으로 일그러졌다. 나는 바로 알 수 있었다. 그녀가 결코 낚시를 해본 적이 없다는 사실을 말이다.

그녀가 겨우 말을 이었다.

"그리고 이 오두막은 절대로 낚시꾼들이 쉬어가는 그런 곳이 아니랍니다. 게다가 이곳은 규제구역이에요. 안내원이 방문객을 인솔하는 아침 일곱 시부터…."

그 순간 엄마가 소리쳤다.

"어머나 세상에, 일곱 시? 너무 늦어버렸네! 얘들아 얼른 차에 타렴. 바로 출발해야 해."

우리는 허둥지둥 짐을 챙겨 들고 순식간에 그곳을 빠져나왔다.

안내원이 멀어지는 엄마의 뒷모습을 향해 외쳤다.

"그런데 부인, 설마 여기서 잠을 잔 건 아니겠지요? 여긴 링컨 생가예요. 나라에서 소중하게 관리하는 곳이라고요."

"여기서 보낸 밤은 우리도 소중하게 간직할게요. 그러면 그분도 이해하실 거예요."

차에 올라 시동을 걸면서 엄마가 그녀를 향해 소리쳤다.

그렇게 요란스럽게 우리는 사우스캐롤라이나를 향해 다시 길을 떠났다. 돌아 나오는 길, 팻말 하나가 내 눈길을 붙잡았다.

"링컨의 생가를 방문해주셔서 감사합니다. 모두들 또 오세요."

이를 본 엄마는 웃으며 말했다.

"글쎄, 낚시하기에 그만인 곳이지만 엄마가 한번 갔던 데는 다시 안 가는 거, 너도 알지?"

내가 열 살이던 해 여름에 벌어졌던 한바탕 소동은 이렇게 마무리되었다. 하지만 그 팻말을 쓴 사람이 그날 밤 그 호숫가에서 우리와 함께 있었다면 훗날 이렇게 바꾸어 써주지 않았을까.

"링컨이 낚시했던 곳입니다…. 그래서 우리도 했지요."

—린 서덜랜드

아버지와의 약속

산은 정상에 오르는 이들을 위해 특별한 선물을 남겨둔다.
프란시스 영 허스번드

나는 캘리포니아 북부에 위치한 섀스타 산의 베이스캠프에서 밤하늘을 바라봤다. 하늘은 별로 가득해 온통 하얗게 반짝이고 있었다. 그날 베이스캠프에는 우리 일행과 눈 위에 자리 잡은 작은 텐트 하나만 있을 뿐이어서 주위는 온통 적막했다. 텐트의 주인은 스물두세 살쯤 되어 보이는 청년이었다.

무료했던 내 시선이 이따금씩 그의 텐트에 닿았다. 얼핏 보기에 그는 내일 등반에 필요한 물건을 챙기고 있는 것 같았다. 그는 가방에다 먼저 작은 상자 하나를 넣더니 이어서 병 두 개와 점심에 먹을 간단한 음식을 챙겨 넣었다. 그러다 나와 눈이 마주치자 내게 손을 흔들어 보였다. 나도 그에게 인사를 건네고 내일 등반을 준비하기 시작했다.

다음 날, 눈부신 태양이 새벽을 열었다. 나와 동료들은 아침 식사를 마친 후에 그토록 열망하던 등반길에 올랐다. 걸음이 느린 나는 늘 그랬듯이 행렬의 맨 뒤에 서서 동료들의 발자국을 따라 걷기 시작했다.

잠시 후에, 베이스캠프에서 만났던 청년이 내 곁으로 다가와서는 함께 걸어도 괜찮은지 물었다. 혼자 걷고 싶은 마음이 간절했던 까닭에 나는 선뜻 대답하지 못했다. 게다가 그는 다리를 절뚝이며 걷고 있었다. 저런 상태로는 정상을 밟기도 어려울 것이었다. 그를 돕느라 정상에 오르는 것을 포기할 수는 없는 노릇이었다.

하지만 이 모든 걱정에도 불구하고 나는 어느새 이렇게 말하고 있었다.

"물론 괜찮습니다."

그의 이름은 월트였다. 그는 이번이 산 정상을 향한 세 번째 도전이라고 했다.

그가 말했다.

"제가 열두 살쯤 되었을 때 아버지가 저를 이곳에 처음으로 데려오셨어요. 우리는 열심히 산에 올랐지만 날씨가 좋지 않아서 중간에 되돌아와야 했지요."

잠시 뿌듯한 미소를 짓던 그가 말을 이었다.

"아버지는 정말 대단한 분이었어요. 산도 아주 잘 타셨지요."

산의 경사면을 가로지른 뒤에 월트가 다시 침묵을 깼다.

"저는 왼쪽 다리에 장애를 가지고 태어났어요. 그래서 걷거나 달리는 것이 불편했는데 아버지는 이것이 제 인생의 걸림돌이 되는 걸 허락하지 않으셨어요. 그래서 제가 아주 어렸을 때부터 여러 곳에 데리고 다니셨지요. 낚시도 아버지한테 배웠는데 처음으로 송어를 낚았던 날을 잊을 수가 없어요. 아버지는 송어 손질도 제 손으로 직접 하게 하셨어요. 맛은 또 얼마나 좋았는지, 정말 최고였어요."

우리는 잠시 걸음을 멈추고 길에서 조금 벗어난 곳에서 등산화에 아이젠(얼음 등에서 미끄러지지 않도록 신발 밑에 장착하는 강철 징)을 댔다. 그리고 계속해서 산 정상을 향해 올라가는 동안 월트는 이야기보따리를 하나씩 풀어놓았다.

"아홉 살이 되자 아버지는 저를 산으로 데리고 가셨어요. 제 다리는 점점 더 강해졌고 결국 아버지의 걸음을 따라잡을 수 있게 됐지요. 지난여름에 아버지가 제게 전화를 하셔서는 다시 한번 정상에 도전해보는 것이 어떻겠냐고 물으시더군요. 사실 부모님이 이혼한 뒤로 한참 동안 아버지를 뵙지 못하고 지냈었거든요. 다시 아버지와 함께 시간을 보낼 수 있다고 생각하니 정말이지 뛸 듯이 기뻤답니다."

월트가 어젯밤을 보냈던 베이스캠프를 내려다봤다.

"우리는 어제 제가 묵었던 그 텐트에서 야영을 했어요. 하지만 누구도 등반을 서두르지 않았답니다. 그저 함께 있는 것만으로도 더할 수 없이 행복했으니까요. 서로를 그리워하면서 떨어져 보내야 했던 지난 몇 년이 너무나도 길었기 때문이었겠지요. 아버지는 말씀하셨어요. 당신의 유일한 소망은 가족과 함께 살면서 자식들과 손자들을 바라보며 늙어가는 것이었다고. 그러고는 한참 동안 아무 말씀도 하지 않으셨는데 그 모습이 어찌나 슬퍼보이던지 눈물이 나려고 하더군요."

올라가는 내내 나는 거의 말을 안 했다. 곧 만나게 될 급경사로를 대비해 호흡을 아껴두려는 심산이었다. 우리가 더 높이 올라갈수록, 월트의 걸음도 빨라졌다. 처음 가졌던 걱정과는 달리 오히려 그가 있어 등반은 더 수월해지고 있었다. 드디어 우리 앞에 좁고 급경사인 얼음길이 모습을 드러낼 무렵, 월트는 다리를 거의 절뚝이지 않았다.

그가 내게 물었다.

"앞장서시겠어요? 이 부근 바위는 잘 부서졌던 기억이 나거든요. 뒤에 오시다가 제가 부서뜨린 바윗조각에 맞게 될까봐 걱정이 돼서요."

그리고 10분 정도 뒤에 우리는 쉬려고 잠시 멈췄다. 그때 나는 월트가 스물한 살이며 결혼을 했고 이제 막 3개월이 된 아들을 두었다는 사실을 알게 되었다.

"아버지와 저는 지난번에 여기까지 올라왔어요. 제 다리에 무리가 가서 통증이 너무 심해지는 바람에 더 이상 앞으로 나갈 수가 없었지요. 아버지가 저를 등에 업고 저 아래 캠프까지 내려가셨어요. 그리고 응급구조대가 도착해서 저를 병원으로 데려갔고요. 그때 아버지와 약속했어요. 다시 한번 같이 정상에 도전하기로 말이에요."

잠시 말을 멈추고 캠프를 내려다보는 월트의 눈에 눈물이 고여 있었다.

"하지만 그럴 수가 없게 되고 말았어요. 지난달에 아버지가 돌아가셨거든요."

 숙연해진 우리는 잠시 아무 말도 하지 않았다. 그리고 다시 정상을 향해 걸음을 옮겼다. 정상 바로 아래에서 우리는 한 번 더 멈춰 섰다. 그곳에 모습을 드러낸 작은 바위에 기대앉아서 정상에 발을 딛기 위한 힘을 비축했다. 아침을 열었던 태양은 이제 눈이 시리도록 파란 하늘 한가운데에서 우리를 비추고 있었다. 그 햇살 속에서 나는 간단히 요기를 했다.

 몇 걸음 떨어진 돌 위에 자리를 잡고 앉은 월트의 두 손에는 작은 상자 하나가 꼭 쥐어져 있었다. 어젯밤 월트의 텐트 너머로 보았던 바로 그것이었다.

 그는 상자를 향해 속삭였다.

 "우리 이번에는 꼭 해낼 거예요. 지난번에 저를 데리고 가셨듯이, 이번에는 제가 모시고 갈게요."

 그 순간 월트가 자리에서 벌떡 일어났다. 그리고 입을 굳게 다문 채 한참 동안 정상을 바라봤다. 그가 내 옆을 걸어갈 때 나는 보았다. 행복한 미소가 그의 얼굴에서 온통 환하게 빛나는 것을 말이다. 나는 아무 말 없이 그의 뒤를 따라 걷기 시작했다.

 마침내 우리는 정상에 도착했다. 월트는 몇 걸음 앞에 있었다.

 하얀 눈 위에 조심스럽게 무릎을 꿇고 앉은 월트가 경건한 손길로 배낭 속에서 상자를 꺼냈다. 그리고 눈 속에 구멍을 낸 뒤에 상자에 담겨 있던 아버지의 유골 일부를 그 안에 넣었다. 천천히 그가 구멍을 다시 덮었다. 그리고 정성을 다해 그 위에다 작은 돌무덤을 만들었다.

 자리에서 일어선 월트가 맑은 눈으로 북쪽을, 동쪽을, 남쪽을, 서쪽을 바라봤다. 그리고 다시 한 번 주위를 둘러보면서 각각의 정방향에 아버지의 유골을 나누어 뿌렸다.

 월트의 얼굴을 타고 흐르는 눈물 사이로 벅찬 감동과 해내고 말았다는 뿌듯함이 용솟음쳤다. 그는 마지막 남은 한줌의 유골을 바람에 띄워 보내며 이렇게 외쳤다.

 "아빠, 우리가 드디어 해냈어요! 이제 우리가 함께 올라온 이 정상에서 편히 쉬세요. 아빠 손자가 산에 오를 수 있을 만큼 자라면 꼭 다시 올게요. 약속해요!"

―멜 리

어릴 적 나의 엄마처럼

서로를 보듬어 안는 따뜻한 마음만이 인간을 살아가게 한다.
아일랜드 격언

"꼭 세 가지가 걱정되는구나."

전화선 너머에서 들려오는 엄마의 목소리는 짐짓 심각했다. 지금 엄마의 모습이 어떨지는 안 봐도 눈에 선했다. 전화를 귀와 목 사이에 낀 채로 입으로는 쉴 새 없이 내게 얘기를 하면서 손은 저녁 준비로 분주할 것이었다.

"우선 배고픈 곰이 우리를 공격해오는 거, 화장실 가는 거… 너도 알다시피 이게 두 번째고… 무엇보다도 사진이 엉망으로 나올까봐 걱정이 되는구나."

이런 엄마를 안심시키려고 나는 부드러우면서도 확신에 찬 목소리로 말했다.

"곰이 나타나면 제가 쫓아버릴게요. 곰을 만날 일은 절대 없을 테지만 말예요. 한번 해보시면 알겠지만 숲에 쪼그리고 앉아서 볼일 보는 것도 생각만큼 어렵지는 않아요. 저를 믿으세요. 그리고 끔찍하게 나온 사진을 잡지에 내는 일은 없을 테니까 그것도 걱정 붙들어 매시고요. 만의 하나 그런 일이 있더라도 엄마 눈에다 검은 띠를 둘러서 아무도 못 알아보게 할게요. 그럼 됐지요?"

그리고 내 대답은 분명 효과가 있었다.

배낭여행 관련 잡지에서 일하고 있던 나는 그해 쉰한 살 된 엄마, 그리고 쌍둥이 린다 이모와 함께 3일에 걸친 배낭여행을 떠날 계획이었다. 나는 이 여행에 기대가 컸지만 그만큼 걱정도 컸다. 엄마와 린다 이모는 이런 여행에 익숙하지 못했다. 두 분에게 대자연 속에서 하루를 보낸다는 것은 골프나 뒤뜰 바비큐 파티를 의미했다.

여행에 가져갈 짐을 점검하는데 엄마가 조심스럽게 말을 꺼냈다.

"저, 립스틱을 좀 가져가도 될까?"

우리는 캘리포니아의 황량한 자연으로 여행을 떠나려는 참이었다. 예보된 날씨도 완벽했고 어렵지 않은 경로를 골라둔 데다 내 친구 트레이시가 짐을 들어주기로 해 엄마와 린다 이모는 옷과 침낭, 그리고 약간의 필수품만 들고 가면 되었다. 그런데 여기서 또다시 논쟁이 시작되고 있었다.

나는 벌써 마스카라와 팔뚝만한 머리빗, 실크 속옷 두 벌을 엄마의 배낭 속에서 빼냈다. 엄마는 이 모두를 당신의 안전과 행복을 위해 반드시 필요한 물건이라고 생각했다. 엄마가 끝까지 포기하지 못한 푹신한 베개를 가져가기 위해 나는 식량과 20킬로그램에 달하는 장비들로 가득 찬 내 가방에서 속옷과 여벌의 윗도리까지 빼낸 상태였다. 하지만 나는 립스틱은 허락했다. 그것은 그저 색깔 있는 입술용 크림일 뿐이라고 나 자신을 합리화시키면서 말이다.

내가 엄마의 가방을 단단히 챙기고 무게가 적당한지 들어보는데 린다 이모 뒤에 서서 차의 뒷거울을 보며 마지막 단장을 하느라 여념이 없는 엄마의 모습이 보였다. 엄마와 이모는 졸업 파티를 앞두고 있는 소녀처럼 상기된 얼굴로 웃고 있었다.

드디어 등반이 시작되었다. 쌍둥이 자매의 걸음이 제법 빨라졌고, 조용한 산길에는 등반용 지팡이 소리만 들렸다. 등반이 계속되자 아름다운 호수가 모습을 드러냈다. 점심을 먹기 위해 볕 좋은 바위 위에 자리를 잡고 앉자 엄마가 짐을 내려놓으며 자랑스럽게 말했다.

"이거 웬만한 운동 기구는 비교도 안 되는걸."

아직 여행을 시작한 지 채 몇 시간도 지나지 않았지만 두 분이 밝게 웃는 모습을 보자 마음이 좀 놓였다. 분명 여느 때의 미소와는 달랐다. 입이 귀에 걸린 엄마와 이모는 온몸으로 얘기하고 있었다. "기계처럼 튼튼한 우리 다리를 좀 보라고. 와! 저 경치도 좀 봐!" 아이들을 이끄는 캠프 인솔자들도 이런 기분을 느껴봤을 것이다. 언제 닥칠지 모르는 위험 앞에서 긴장이 되지만 기쁨에 들뜬 '내 아이들'을 보는 즐거움을 말이다.

"이제 5킬로미터만 더 가면 캠프에 도착해요."

내가 두 분에게 말했다.

"쉬는 동안 땀이 식어 감기 들지 않도록 겉옷을 좀 걸치시는 게 어떨까요?"

순간 나는 깜짝 놀랐다. 어릴 적에 엄마에게 수도 없이 들었던 그 말을 지금 내가 엄마에게 한 것이었다. 나는 엄마처럼 말하고 있었다.

"그래."

이모 옆에 앉아 있던 엄마는 기분 좋게 대답했다. 나는 한번도 그런 적이 없는데 말이다.

"점심 드세요."

두 분 발치에 고프(건포도, 땅콩 등을 섞어서 굳힌 휴대 음식)가 든 가방을 던져놓고는 치즈와 햄, 소스로 속을 잔뜩 채운 통밀빵을 건네며 내가 말했다. 말없이 허기를 달래던 우리의 침묵을 깬 것은 이모였다.

"이거 너무너무 맛있다!"

"그래, 정말 맛있어!"

특별한 속을 넣은 맛있는 샌드위치 만들기로 유명한 엄마도 더 이상 참지 못하고 말을 이었다. 그리고 둘째가라면 서운해 할 요리솜씨를 가진 이모가 내게 물었다.

"그런데 이 고프 네가 만들었니?"

다른 사람이 그렇게 물었다면 빈정댄다고 여길 수도 있었겠지만, 두 분의 말은 나를 감동시키기에 충분했다.

한가로운 오후를 보낸 뒤에 해발 8천 미터에 이르러 산모퉁이를 돌아선 이모는 놀라서 그 자리에 멈춰 섰다.

"언니, 이것 좀 봐!"

우리 앞에는 오후 햇살에 파랗게 반짝이는 드넓은 호수가 끝도 없이 펼쳐져 있었다. 그리고 그곳에는 오직 우리뿐이었다.

우리는 완벽한 전망을 가진 야영지를 찾아냈다. 그리고 엄마와 이모가 차가운 호수에 지친 발을 담그고 쉬는 동안 트레이시와 내가 4인용 텐트를 쳤다.

텐트가 완성되자마자 엄마가 안으로 들어갔다. 잠시 후에 들여다보니 어느새 우리들의 잠자리가 마련되어 있었다. 나중에 알게 된 일이지만 나와 트레이시 침낭이 바깥쪽에 놓여 있었던 까닭은 다름 아닌 곰의 공격에서 당신을 보호하기 위한 것이었다. 아무튼 그날 엄마는 천장을 바라보고 누워서는 아무 말 없이 뿌듯한 미소만 지었다.

잠시 후에 우리는 캠핑용 난로에 둘러앉아 포도주를 한 잔씩 마셨다. 엄마는 간이 의자에 몸을 기대고 앉아서 내가 삶은 콩에 넣을 마늘과 양파를 잘게 써는 것을 지켜보았다. 내가 땅에 떨어뜨린 양파 조각을 주워 먼지를 툭툭 털고는 냄비 안에 넣었을 때 엄마의 눈이 둥그렇게 커지는 것을 보고 나는 부러 아무렇지도 않은 듯이 말했다.

"걱정 붙들어 매세요. 먼지 좀 먹는다고 어떻게 되지 않아요."

하지만 정작 음식이 다 되었을 때 두 분은 탄성을 질러가며 열광했고 몇 분 지나지 않아 음식을 싹싹 다 비웠다.

서서히 주위가 어두워지자 대화는 자연히 곰의 매복 공격에 관한 것으로 이어졌다. 저녁을 먹고 설거지를 마치고 잠자리에 들기 전에 해야 할 이런저런 일들을 마무리하는 내내 두 분은 손전등의 노란 불빛 하나에 의지한 채 어둠 속에서 들려오는 모든 소리에 긴장을 늦추지 않았다. 텐트 안으로 들어오고 나서야 안전을 확신한 두 분은 다시 여유를 되찾았다.

다음날도 날씨가 참으로 좋았다. 따뜻했고 햇살은 눈부셨으며 파란 하늘에는 솜사탕 같은 구름이 동실동실 떠다녔다. 우리는 짐을 두고 호수까지 걸어갔다가 점심을 먹고 다시 돌아오기로 했다.

출발한 지 20분도 채 안 되었을 때, 엄마와 이모는 다섯 가지 야생화의 이름을 구별해냈다. 이렇게 높은 산의 들판을 걸어보는 것은 처음이었지만 그동안 뒷마당에 제법 근사한 정원을 가꿔온 두 분은 어느새 아마추어 식물학자가 되어 있었다. 해질 무렵까지 나는 두 분에게 새로운 야생화 이름을 열 개나 배울 수 있었다. 그렇게 오래 여행하면서도 배우지 못한 것이었다.

점심을 먹은 후에 우리는 꽃으로 가득한 들판을 정처 없이 거닐다가 졸졸 흐르는 냇물을 따라 천천히 캠프로 향했다. 엄마의 걸음이 자꾸만 느려져서 돌아보니 벌써 한참을 뒤처져 연신 신발을 만지작거리던 엄마가 당황한 듯 말했다.

"아무래도 물집이 좀 생긴 것 같구나."

신발을 벗기고 꼼꼼히 살펴봤지만 다행이 물집은 보이지 않았다. 단단히 조인 신발 끈을 좀 헐렁하게 만들어 발을 편하게 해야 할 것 같았다. 나는 흙 위에 무릎을 꿇고서 엄마의 신발 끈을 다시 매기 시작했다. 그러다 문득 궁금해졌다. 지난날 엄마가 나를 위해 정성껏 신발 끈을 매주신 적은 또 얼마나 많았는지 말이다.

자리에서 일어나 몇 걸음 내딛어본 엄마가 말했다.

"훨씬 낫구나. 고맙다, 내 딸."

"엄마도 참, 별말씀을 다 하세요."

그리고 나는 엄마가 내게 해주신 것만큼 하려면 아직도 멀었다고 생각하면서 씩 미소 지어보였다.

가장 오래된 유년의 기억은 아픈 나를 간호하던 엄마의 모습이다. 아마 네댓 살쯤이었을 것이다. 한밤중에 깨어난 나는 가슴이 답답해 숨을 제대로 못 쉬고 헐떡이며 쉴 새 없이 잔기침을 해댔다. 엄마는 내 폐가 깨끗해질 때까지 뜨거운 물로 등을 쓸어내렸다.

산에서 보내는 마지막 날 밤, 이제 내가 엄마를 돌봐야 할 차례였다. 엄마에겐 언젠가 엄마가 말했듯이 '누군가 머릿속을 바늘로 콕콕 찌르는 것만 같은' 오래된 귓병이 있었다. 오후부터 엄마는 귓병으로 괴로워하기 시작했고 저녁을 먹을 무렵에는 상태가 훨씬 나빠졌다. 몇 분에 한 번씩 깜짝 놀라며 머리를 한쪽으로 기울일 정도였다. 엄마는 저녁 식사를 마치자마자 진통제를 먹고 바로 텐트 안으로 들어가 몸을 뉘였다.

나는 침착해지려고 애썼다. 위급한 상황은 아니었지만 고통으로 괴로워하는 엄마의 모습에 마음이 아팠다. 그때 이모가 할머니가 했던 치료법을 기억해냈다. 나는 그 방법 그대로 솜에다 올리브기름을 적셨다. 그리고 솜을 엄마의 귀에다 넣은 뒤에 따뜻한 물을 담은 병을 머리 옆에 두었다. 엄마는 얼마 지나지 않아 깊이 잠들었다.

나는 밤새 거의 한잠도 못 잤다. 제법 거세진 바람과 텐트 지붕 위에 떨어지는 눈송이만이 나와 함께 깨어 있었다. 새벽 세 시쯤 엄마가 다시 고통스러워하기 시작했다. 나는 얼른 엄마 머리 옆에 두었던 물병을 만져보았다. 뜨거웠던 물병이 미지근해져 있었다.
　물병을 집어 들고는 엄마에게 속삭였다.
　"나가서 물을 좀 끓여올게요."
　"그러지 마라. 바보 같은 짓이야. 밖에는 지금 폭풍이 몰아치고 있다. 그러니 얼른 침낭 속에 들어가. 난 괜찮아."
　텐트를 나서려는 나를 향해 엄마가 웅얼거리듯 말했다.
　15분 뒤에 뜨거운 병이 다시 귓가에 놓이자 엄마는 편안하게 잠이 들었다. 엄마 옆에 누워 엄마의 숨소리를 들으며 나는 생각했다. 어린 딸의 거친 숨소리를 들으며 밤을 지새웠던 엄마의 심정이 이와 다르지 않았을 것이라고 말이다.
　다음 날 회색 구름과 거센 바람, 수북이 쌓인 눈이 아침을 열었다. 날씨는 우울하기 짝이 없었지만 엄마의 귀는 많이 좋아진 상태였다.
　산에서 내려오는 길은 쉽지 않았다. 사방에서 눈이 몰아쳤고 칼 같은 바람이 얼굴을 때렸으며 길마저 점점 미끄러워지고 있었다. 엄마와 이모에겐 너무 힘겨운 길이었다. 엄마는 모자 밖으로 코를 내밀고 풀잎처럼 바람에 흔들리는 소나무를 바라봤다.
　"이 폭풍을 빠져나가려면 좀 힘들겠어."
　엄마의 말을 이모가 맺었다.
　"하지만 우리는 끄떡도 없는걸!"
　지금까지 엄마와 린다 이모는 아주 잘 해내고 있었다. 나는 노련한 스키 실력에 걸맞게 산악용 지팡이를 잘 다루면서 미끄러운 산중턱을 우아하게 내려오는 두 분을 흐뭇하게 지켜봤다. 하지만 나를 정말 놀라게 만든 것은 두 분이 도시로 돌아가려고 결코 서두르지 않는다는 사실이었다. 일주일 전만 해도 이렇게 궂은 날씨에 도로까지 걸어 내려간다는 것은 상상할 수도 없는 일이었지만, 지금 두 분은 이 눈 속에서 이리저리 즐겁게 걸어 다니고 있었다. 심지어 가끔씩 멈춰 서서 바람이 만들어놓은 그림 같은 풍경을 넋 놓고 바라보기도 했다.

여정이 끝나갈 무렵 나는 비로소 깨달았다. 우리가 함께한 이번 모험이 가장 아름다웠던 여행으로 오래도록 내 기억에 남으리라는 사실을 말이다. 평생 집을 떠나 낯선 곳에서 잠든 적이 없었던 엄마도 비록 잠시 동안이기는 했지만 그 순간만큼은 진정한 산악인이었다.

그날 밤 우리는 아빠와 삼촌, 오빠와 사촌들과 함께 근사한 식당에서 저녁을 먹었다. 따뜻한 물로 씻고 드라이로 말끔하게 머리를 손질한 뒤에 립스틱까지 바른 엄마와 린다 이모는 어느 때보다도 건강하고 젊어 보였다. 아직도 흥분이 채 가라앉지 않은 두 분은 쉴 새 없이 우리의 여행을 얘기했다. 열광하는 청중을 위해 적당히 내용을 가감해가면서 말이다.

식사를 마치고 커피가 나오자, 엄마가 아빠를 바라보고 말했다.

"여보, 당신도 크리스틴을 봤어야 해. 우리를 얼마나 잘 보살펴줬는지 모른다고. 우리 딸이 정말 자랑스러워."

내가 웃으며 말했다.

"엄마, 저는 그냥 엄마랑 같은 생각을 했던 것뿐인걸요."

—크리스틴 호스테터

흰얼굴원숭이 아널드

> 지친 영혼을 위로받고 나약해진 육신을 치유받으며
> 내 모든 감각이 다시금 조화를 이룰 수 있도록
> 나는 오늘도 자연을 찾는다.
> **존 버로즈**

지난 10년 간, 나는 중앙아메리카 남부에 위치한 코스타리카에서 야생생물 생태여행의 인솔자로 일해왔다. 그동안 수많은 사람을 만났지만, 일의 특성상 원숭이나 나무늘보, 표범 등 열대우림 동물에 얽힌 재미있는 일화가 유독 기억에 남는 경우가 많다. 하지만 그중에서도 참으로 오래도록 잊혀지지 않는 여행이 있다. 이 범상치 않은 사건을 목격한 것은 그때 함께 여행했던 이들 모두에게 더없는 행운이었다.

그 특별한 여행에서, 야생생물에 열광하는 우리 일행 속에는 짐과 10대인 그의 아들 앤디도 있었다. 하지만 이 두 사람은 다른 일반적인 여행객들과는 좀 달랐다. 50대에 들어선 짐은 완고한 전직 군인으로 말수가 적었지만 대단한 기세로 자신의 아들을 몰아세웠다. 내 눈에도 앤디가 가엾게 느껴질 정도였다. 그는 자연 속에서 겪는 진기한 경험에 열광적이었지만 아버지의 빈틈없는 성격과 지배적인 태도 아래서 이를 즐기기란 사실상 불가능했다. 앤디의 태도가 조금만 눈에 거슬려도 짐은 아들의 팔을 거칠게 끌어당겼다. 앤디가 알록달록한 독개구리에게 손을 내밀었을 때도 마찬가지였다. 모두들 내색은 안 했지만, 그 뒤로 짐과 좀 떨어져서 다녔다.

  나는 조금이라도 시간을 따로내서 앤디와 함께 보내려고 애썼다. 어느 날 앤디가 표범이 보고 싶어 미칠 지경이라고 내게 속삭였다. 그래서 우리는 그날 밤 일행이 모두 잠든 틈을 타서 숙소를 몰래 빠져나왔다. 그리고 밤이 깊도록 풀 속의 개구리와 야행성 동물들을 지켜봤다. 이것은 우리 두 사람만의 작은 비밀이었다. 어느덧 여행은 중반으로 접어들었다. 코르코바두 국립공원의 인적이 드문 지역에서 스무 마리 가량의 흰얼굴꼬리감는원숭이 무리와 마주친 우리 일행은 이들을 관찰하기 위해 잠시 멈춰 섰다. 이 원숭이들은 아주 영리하고 꼭 사람처럼 행동하는 까닭에 영화에 많이 등장한다. 일반적으로 아주 우호적이고 사회적인데, 이 무리의 대장 원숭이는 이상스러울 만큼 공격적이었다. 녀석은 자기 구역에 대한 집착이 지나치게 강해서 우리들이 지켜보는 동안에도 벌써 수차례 작은 충돌을 일으켰다. 무리 중 다른 원숭이가 조금만 가까이 접근해도 녀석은 그 원숭이를 향해 달려가서는 잇몸을 드러내 보이며 위협했다. 우리는 액션영화 배우 아놀드 슈와츠네거의 이름을 따서 녀석에게 '아널드'라는 별명을 붙여줬다.

우리는 원숭이 무리를 계속 따라갔다. 물론 적당한 거리를 유지해 이들이 먹이를 찾아 이동하거나 가끔씩 멈춰 잘 익은 무화과나무 열매를 따먹는 것을 방해하지 않았다. 무리의 맨 끝에는 아주 어린 원숭이가 따라가고 있었는데 키가 한 뼘도 채 되지 않았다. 어미에게 나무에 오르는 방법을 배운 녀석은 더 이상 뒤처지지 않으려는 듯 부지런히 무리를 따라갔다. 어미는 종종 나뭇가지를 타고 큰 나무 사이를 이동했는데 어린 녀석에게 여간 벅찬 일이 아니었다. 도저히 제 어미를 따라할 엄두가 나지 않으면 새끼 원숭이는 그 자리에 멈춰 섰다. 그러고는 낑낑거리며 이리저리 주변을 둘러보았다. 무언가 다른 방도를 찾는 것이었다. 새끼 원숭이가 어렵게 나뭇가지를 건널 때마다, 우리들은 벅찬 감동의 박수를 보내곤 했다.

하지만 오래지 않아 새끼 원숭이는 지쳐버렸고 무리에서 점점 뒤처져 갔다. 녀석은 점점 멀어지는 제 어미를 부르려고 더 큰 소리로 울어댔다. 새끼의 구슬픈 울음소리를 들은 어미는 그 자리에 멈춰 서서 녀석을 기다릴 뿐 절대 데리러가지는 않았다. 결국 새끼가 용기를 내어 다시 한번 큰 나무로 다가갔지만 줄기가 너무도 두꺼워 도무지 올라갈 수가 없었다. 녀석은 그 나무 아래서 목 놓아 울었다. 그러자 어미가 되돌아와서는 자신의 등을 내어주었다. 새끼가 안전하게 매달린 것을 확인한 어미는 무리를 따라가기 위해 걸음을 재촉했다. 하지만 무엇이 그리도 서러운지 어미 등에 매달린 새끼는 여전히 울어댔다.

점점 커지는 새끼의 울음소리가 기어이 무리를 이끌던 대장 원숭이의 심기를 건드렸다. 무시무시한 아널드를 화나게 하고 만 것이었다. 또다시 잇몸을 드러낸 녀석은 성난 듯 색색거리면서 어미에게 다가갔다. 녀석의 눈은 분노로 이글거리고 있었다. 어미는 새끼를 보호하려는 듯 감싸면서 한걸음씩 다가오는 대장을 향해 으르렁거렸다. 우리는 모두 숨을 죽였다. 아널드가 무슨 짓을 할지 누구도 알 수 없는 일이었지만, 최악의 상황만은 일어나지 않기를 간절히 바랐다.

아널드가 어미와 새끼에게 가까이 다가갔을 때, 갑자기 잔뜩 굳어 있던 녀석의 얼굴이 부드러워졌다. 녀석은 이렇게 사랑스러운 모습은 처음 본다는 듯이 어미 등에 매달린 작은 새끼를 바라봤다. 그러고는 커다란 손을 동그랗게 만들어 놀란 새끼의 작은 얼굴을 어루만지더니 이마에 입을 맞췄다. 그 순간 새끼 원숭이가 울음을 그쳤다. 아널드는 한동안 그 자리에 앉아서 새끼의 머리를 쓰다듬고 자신의 이빨로 조심스럽게 털을 골라주었다.

우리는 모두 안도의 한숨을 내쉬었다. 그 순간 다른 한쪽에서는 우리들의 아널드인 짐이 흐느껴 울고 있었지만, 벅찬 감동에 사로잡힌 우리들은 이를 미처 알아채지 못했다. 그 이후부터 짐의 태도가 조금씩 부드러워졌다. 하지만 그의 마음을 상하게 할까 두려워 마음속으로 흐뭇해 할 뿐 아무도 내색하지는 않았다.

우리들은 흥분에 들뜬 채 숙소로 돌아왔다. 저녁 식사 후에 나는 짐을 포함한 일행 몇 명과 함께 베란다로 나갔다. 우리는 기둥에 매달아놓은 그물침대에 누워 열대우림 속에서 들려오는 아름다운 소리에 귀를 기울였다.

하지만 우리의 평화는 오래가지 못했다. 앤디가 베란다에 모습을 드러내자 짐이 다가가 거친 손길로 아들의 팔을 잡은 것이다. 앤디는 긴장했다. 둘 사이에 또 무슨 일이 일어나지는 않을까 하는 걱정에 가슴이 두근거렸다. 모두들 걱정스러운 눈길로 아버지와 아들을 바라보고 있었다.

그 순간 짐이 앤디를 끌어당겼다. 그러고는 그를 꼭 끌어안았다.

아들을 가슴에 안은 채 짐이 말했다.

"이 여행을 함께하게 되어서 얼마나 기쁜지 모른다. 오래전부터 네게 이런 추억을 만들어주고 싶었는데 그러질 못했어. 앤디, 그동안 잘 느끼지 못했겠지만, 아빠는 널 사랑한단다."

앤디는 놀란 눈으로 아버지를 바라봤다. 그 모습은 마치 '널 사랑한다'는 아버지의 말을 생전 처음 들은 사람 같았다.

그리고 시간이 얼마 흐른 뒤에 우리는 알게 되었다. 정말로 처음이었다는 것을 말이다.

—조시 코엔

조금은 색다른 어머니날

성스러운 이 땅과 나무와 모든 천지만물이
당신의 생각과 행동을 지켜보고 있다.
위네바고 인디언

사람들은 모두 날 보고 제정신이 아니라고 했다. 마흔일곱 된 가정주부로, 네 아이의 어머니인데다 운동에 자질도 없는 내가 혼자서 애팔래치아 산맥을 따라 3천 킬로미터에 달하는 도보여행에 나섰으니, 그럴 만도 했다.

 즐거운 만큼이나 힘겨운 순간들도 많았다. 하지만 1989년 5월 두 번째 일요일 도보여행 중에 맞은 어머니날은 정말이지 특별했다. 집에 있었더라면 나도 근사한 하루를 보내고 있었을 것이 분명했다. 딸들이 마련한 음식을 먹으면서 사랑이 담긴 근사한 선물을 받고, 내게 완벽한 하루를 선물하기 위해 애쓰는 식구들의 모습을 보면서 흐뭇한 미소를 짓고 있을 터였다. 하지만 바로 그날, 나는 혼자였고 남편과 아이들이 너무나도 그리웠다.

나는 집에서 아주 멀리 떨어진 곳에 있었다. 때마침 갑자기 폭풍우가 몰아치기 시작했고 안 그래도 지치고 꾀죄죄한 몰골로 쏟아지는 빗속을 걸어가려니 내 모습이 참으로 처량하게 느껴졌다. 오늘은 그만 쉬는 것이 나을 것 같았다. 어디 비를 피할 만한 곳에 들어가 따뜻한 차와 음식으로 허기진 몸과 마음을 달래고 싶었다. 나는 안내 책자를 펴들고 가장 가까운 여행자 쉼터를 찾기 시작했다.

쉼터 앞에 도착했지만 제법 거세게 흐르는 강이 길을 막고 있었다. 건너갈 방법이 없었다. 나는 수영을 못했지만 설령 할 수 있다 하더라도 등에다 이렇게 무거운 배낭을 짊어진 채 급류 속으로 뛰어든다는 것은 분명 어리석은 짓이었다.

나는 잠시 물의 깊이를 가늠해봤다. 아무리 생각해도 강을 건너는 것은 불가능한 일이었다. 나는 깊은 숨을 한번 내쉬고는 발길을 돌려 왔던 길을 다시 되돌아가기 시작했다. 그때, 어디선가 나를 부르는 소리가 들려왔다. 돌아보니 강 건너에서 10대 청년 둘이 나를 향해 소리치고 있었다. 그들은 강을 따라 조금 가면 쓰러진 나무가 있어서 쉼터 쪽으로 건너올 수 있다고 했다. 그들이 일러준 곳으로 갔지만, 아무리 봐도 그 나무를 다리 삼아 강을 건널 수는 없을 것 같았다. 나무는 비에 젖어 너무 미끄러운데다 그리 두껍지도 않아서 나와 비에 젖은 배낭의 무게를 견디지 못할 것이었다. 그 높이에서 급류 속으로 떨어진다는 것은 생각만으로도 끔찍했다.

강 건너에서 나를 바라보는 청년들에게 나는 고개며 두 손을 절레절레 흔들어 보였다.

"자 어서요, 저희들이 도와드릴게요!"

이들은 통나무를 건너서 내게로 왔다. 그리고 좀 어려보이는 청년이 내 배낭을 둘러멘 채 앞장섰고 스무 살이 다 되어 보이는 청년이 내 손을 단단히 잡고서 잔뜩 겁에 질린 나를 이끌어주었다. 통나무 아래로 그새 불어난 물이 하얀 거품을 물고 강 아래로 빠르게 흘러가고 있었다.

드디어 강을 다 건너 통나무에서 내려섰을 때, 나는 너무나도 감격한 나머지 그들을 덥석 끌어안았다.

우리는 근처 여행자 쉼터로 향했다. 알고 보니 이제 열여섯과 열아홉이 된 존과 패트릭 두 청년은 형제로 아버지와 함께 지난 10년 간 해마다 도보여행을 해온 터였다. 자신들을 가리켜 팝타트(과일이 든 파이)광이라고 소개한 두 사람은, 저녁 식사 때 마지막 남은 팝타트 하나를 아낌없이 내게 건넸다.

그리고 빙그레 미소 지으며 이렇게 말했다.

"오늘은 어머니날이잖아요. 그러니 하루 동안 저희들 엄마가 되어주세요. 집에서 너무 먼 곳에 와 있어서 엄마를 만날 수가 없으니까요."

그 뒤로 11년 동안 두 번을 더 시도한 끝에 드디어 지난 2000년 9월 9일, 나는 결국 57세의 나이로 애팔래치아 산맥 도보여행을 모두 마쳤다. 이를 통해 나는 흔들림 없는 믿음을 가지게 되었고 내가 가진 능력을 확신할 수 있었으며 이 세상에는 아직도 정말 좋은 사람들이 많다는 사실을 확인할 수 있었다. 물론 존과 패트릭도 포함해서 말이다. 하지만 여기엔 나의 지극히 사적인 감정이 개입되었다는 사실을 부인할 수가 없다. 어쨌거나 나는 그들의 어머니이니 말이다.

—조이스 존슨

엄마는 나의 가장 친한 친구

자연의 부드러운 손길은 온 세상을 하나로 만든다.
윌리엄 셰익스피어

　1950년대 후반에는 시골 아이들이라면 누구나 제 스스로 놀거리를 만들어내기 마련이었다. 캐나다의 산골마을에서 자란 나와 일곱 형제들도 물론 예외는 아니었다. 한 가지 다른 점이 있었다면, 운 좋게도 우리에게는 자연과 함께하는 기쁨을 깨닫게 해준 부모님이 계셨다는 것이다.
　어머니는 우리에게 단풍나무가 가득한 언덕 아래 자리 잡은 아름다운 호숫가에 살고 있다는 사실에 언제나 감사하는 마음을 잊지 말라고 당부하셨다. 당신에게도 그곳에서 맞이하는 모든 계절이 저마다 특별했던 까닭이었다. 아빠는 우리들에게 단풍나무에 구멍을 뚫어 수액을 채취하는 방법을 가르쳐주셨고, 엄마는 이것을 끓여서 달콤한 단풍나무 시럽을 만들어주셨다.

이른 봄이면 우리는 모두 함께 뒷문에 앉아 겨울잠에서 이제 막 깨어난 청개구리가 처음으로 들려주는 봄노래에 귀를 기울였다. 엄마는 이 녀석들을 일컬어 당신의 '남자친구들'이라 불렀다. 우리는 엄마에게 칭찬 받으려는 마음에 누가 제일 먼저 청개구리의 노랫소리를 듣고서 엄마에게 알려드리나 하는 시합을 벌이곤 했다. 오빠들은 제법 어깨를 으쓱이며 올챙이와 개구리알 잡는 법을 가르쳐주었고 우리는 매일 함께 연못에 들러 올챙이가 자라는 모습을 관찰했다. 그리고 돌아가는 길모퉁이에서 발견한 제비꽃의 아름다운 색깔에 대해 엄마 아빠에게 한참 동안 얘기를 늘어놓기도 했다. 여름밤이면 우리는 사과 과수원에 누워서 하늘을 바라보았다. 그리고 떨어지는 별똥별에 작은 소망을 실어 보냈다.

내 아들 그레그가 여섯 살이 되었을 때, 나는 운 좋게도 이 특별한 장소로 다시 돌아왔다. 아빠가 '신이 주신 땅'이라고 부르던 바로 그곳으로 말이다. 아빠는 그레그와 내가 처음으로 텃밭 일구는 것을 도와주셨다.

아버지가 돌아가시던 해, 나의 결혼 생활도 끝이 났다. 그리고 어느새 건장한 젊은이로 성장한 그레그마저 대학에 다니기 위해 집을 떠났다. 혼자 남은 나는 상처 받은 마음을 달래기 위해 내가 그토록 사랑한 땅을 떠나 대도시 토론토로 이사했다. 할 수만 있다면 그곳에서 모든 것을 잊고 싶었다.

하지만 운명의 장난일까, 나는 바로 그곳에서 내 삶의 진정한 동반자를 만났다. 내 영혼과 꼭 닮은 영혼을 가진 로스를 말이다. 그는 나를 사랑하고, 자연을 사랑하고, 소박한 것들을 사랑하는 사람이었다. 그가 처음으로 내게 선물한 것은 다름 아닌 노란 카누였다.

로스의 일곱 살 난 딸을 만나기로 약속한 날이 다가오고 있었다. 나는 많이 떨렸지만 그저 내 모습 그대로를 보여주리라 다짐했다. 우리가 처음으로 함께 보낸 주말은 추수감사절이었다. 난 아이들을 무척이나 좋아했고 내 아들과도 좋은 관계를 유지하고 있었지만 그동안 딸이 없는 것을 못내 아쉬워해온 터였다. 하지만 나는 알고 있었다. 모건은 내 딸이 될 수 없다는 것을 말이다. 그 아이의 마음속 깊은 곳에는 이미 너무나도 사랑하는 엄마가 자리하고 있었던 것이다. 그래도 언젠가는 모건의 인생에 의미 있는 사람이 될 수 있기를 소망했다.

그날따라 토론토의 날씨가 계절에 걸맞지 않게 포근했다. 그래서 우리 세 사람은 집 근처 강가를 거닐며 강둑에 떨어진 나뭇잎을 주웠다. 나는 이렇게 보내는 가을 한때를 사랑했는데 모건도 그랬다. 오리에게 먹이를 주고 낙엽 속에서 장난치는 우리들의 모습을 로스가 부지런히 사진에 담았다. 집에 돌아오자마자 나는 모건에게 두꺼운 책 속에 낙엽을 끼워 말리는 방법을 가르쳐주었다. 근처 숲이나 냇가에 놀러갈 때면 내가 키우던 개 반디도 우리를 따라나섰다.

우리 넷은 내 노란 카누에 함께 타고 강 구석구석을 누볐다. 우리는 통나무 위에서 잠들어버린 게으른 거북이를 발견하기도 했다. 거북이는 제 나름대로 몸 색깔과 비슷한 곳에 몸을 숨기고 있었지만 어린 모건의 예리한 눈을 피하지는 못했다. 로스는 모건이 헌 아빠 보다 새 엄마와 노는 것을 더 좋아하는 것 같다고 투덜대곤 했다.

　모건이 여덟 살이 되었을 때 나는 녀석을 내가 나고 자란 산골마을로 초대했다. 그건 정말이지 흥분되는 일이었다. 그곳에서 생전 처음으로 반딧불을 본 모건은 얼른 몇 마리를 잡아서 병에 넣었다. 어릴 적에 내가 그랬듯이 말이다. 그러고는 병을 꼭 쥐고서 우리가 강가에 쳐놓은 천막으로 달려갔다. 그 안을 환하게 비출 수 있을지 궁금했던 것이다. 모건은 천막 안이 제법 밝아지는 것을 보고 만족스러운 미소를 짓더니 천막 밖으로 나갔다. 그리고 병 안에 담아둔 반딧불을 모두 밤하늘로 돌려보냈다. 나중에 우리는 사과 과수원에 누워서 반딧불이 날아간 밤하늘에서 별자리를 찾아봤다. 그리고 떨어지는 별똥별에 작은 소원을 실어 보냈다.

　이듬해 봄, 토론토로 돌아온 우리는 뒷마당에 텃밭을 일구고 야채를 심었다. 신발이랑 양말을 벗어두고 맨발로 흙의 촉촉함과 부드러움을 느껴보라는 내 말에 모건은 사실 처음에는 무척 놀랐다. 하지만 우리는 함께 감자, 당근, 강낭콩, 그리고 완두콩을 키워냈다. 물론 맨발로 말이다. 모건은 채소들 앞에 저마다 큼지막한 이름표를 하나씩 만들어줬다. 밭일이 끝나면 우리는 호스로 물을 뿌려 흙으로 범벅이 된 발을 씻었다. 하지만 로스와 아들 그레그가 거들고 나서면 이내 물장난으로 바뀌어버렸고 우리는 온 마당을 뛰어다니며 즐거운 비명을 질러댔다. 텃밭에서 처음으로 당근을 수확하던 날, 모건은 떨리는 마음으로 이제 막 땅이 우리에게 준 선물을 한입 가득 베어 물었다. 텃밭에서 가진 싱그러운 만찬이었다.

모건이 열세 살 되던 해, 가족이 된 뒤 함께 보낸 지난 6년이 고스란히 담긴 앨범을 보던 우리는 사진 한 장에서 눈을 떼지 못했다. 그 안에는 처음 만난 날 오리에게 먹이를 주고 낙엽 속에서 장난을 치는 모건과 내가 있었다. 다음 장으로 앨범을 넘기는 모건의 얼굴에 보일 듯 말 듯한 미소가 떠올랐다.

그리고 나를 물끄러미 바라보더니 모건이 말했다.

"엄마는 엄마가 아니라, 내 가장 친한 친구 같아."

돌아보면 그동안 모건을 근사한 놀이동산에 데려간 적이 없었다. 제 또래 아이들이 탐내는 값비싼 선물을 사준 적도 없었다. 하지만 그동안 우리는 애견 반디와 함께 오붓한 시간을 보냈고 계절마다 변화하는 자연을 벗 삼았다. 가장 친한 친구와 같이 하는 일들, 바로 그것을 해온 것이었다.

—월라 메이비스

말하지 않아도 알 수 있는 것

진실하고 사랑이 가득한 한 사람의 영혼이 다른 이에게 영향을 끼치는 것
그것이 바로 아름다운 축복이다.
조지 엘리엇

아버지가 함께 스쿠버 다이빙을 하자고 했을 때 나는 겨우 열다섯 살이었다. 그 나이를 지나온 사람이라면 누구나 알 것이다. 나는 그때 혹독한 사춘기 한가운데를 지나고 있었다. 아버지는 물론 그 누구하고도 말 한마디 나누고 싶지 않았다.

아버지도 10대 시절 다이빙을 시작했지만 세 아이를 키우면서 정신없이 사느라 오랫동안 다이빙을 못하고 지내온 터였다. 팍팍한 현실 속에서 바다를 찾을 수 없다고 해도 아버지는 카리브 해의 '목욕물처럼 따스하고 반짝이는 푸른 바닷물'과 그 속에서 겪었던 당신의 모험담을 풀어놓는 일을 결코 멈추지 않았다.

아버지의 얘기나 잡지의 사진으로만 보던 세상을 직접 만날 수 있는 기회가 오자 나는 망설이지 않고 붙잡았다. 스쿠버 다이빙이 무섭

지 않을까 생각할 겨를도 없이 말이다.

그 뒤로 몇 달 동안 아버지는 나를 도시로 데려가 스쿠버 다이빙 수업을 듣게 했다. 아버지는 나의 첫 잠수용 마스크와 물갈퀴를 사주셨다. 차갑고 뿌연 물속에서 시험을 통과하고 면허증을 땄을 때도 아버지는 내 옆에 계셨다.

곧이어 아버지가 가족여행을 계획했고 우리는 모두 함께 플로리다로 여행을 떠났다. 아버지와 함께할 첫 잠수에서 그동안 아버지가 말했던 그 모든 놀라운 것을 내 눈으로 직접 본다고 생각하니 가슴이 콩닥거렸다.

우리를 태운 배가 해변에서 멀어지자 속이 메슥거렸다. 막상 스쿠버 다이빙을 하려니 잔뜩 긴장이 된 것이다. 주변을 둘러봤지만 모두 나이가 지긋한 사람들뿐이었다. 오지 말았어야 할 곳에 와 있는 것만 같았다. 한 사람, 한 사람 얼굴을 들여다보다가 아버지와 눈이 마주쳤다. 아버지가 내게 작은 미소를 지어보였다.

아버지를 위해서 멋들어진 다이빙을 하고 싶었다. 무슨 일이 있어도 꼭 해내고 싶었다.

잠시 후에 배가 닻을 내렸다. 그리고 아버지와 나는 함께 바다 속으로 뛰어들었다. 입수의 충격에서 헤어난 나는 숨을 한번 깊이 들이쉬고는 옆에 있는 아버지를 바라봤다. 아버지는 엄지와 검지를 붙여 동그랗게 만들어서는 내게 오케이 신호를 보냈다. 정말 보고 싶었던 신호였다.

우리는 물속으로 점점 내려가기 시작했다. 그러자 어느새 우리 주변에 무지개처럼 고운 색들이 피어났다. 어떤 사진이나 텔레비전 속에서도 그렇게 아름다운 빛은 본 적이 없었다. 갈전갱이 떼가 우리 곁을 미끄러지듯 헤엄쳐 지나갔다. 화려한 색을 가진 엔젤피시들은 제법 떨어진 곳에서 서성였지만 셀 수 없이 많은 비늘돔들은 우리 주변에서 흥겹게 춤췄다. 녀석들은 아버지와 내가 그곳에 있다는 사실에 전혀 아랑곳하지 않는 것 같았다. 내가 아름다운 바다 속 풍경을 넋을 잃고 바라보는 동안 아버지는 나를 바라보고 계셨다. 아들의 기뻐하는 모습을 보며 아들보다 더 기뻐하고 계셨다.

저만치 아래쪽에는 무수한 해면 동물들과 보랏빛 산호들이 졸음에 겨운 듯 느릿느릿 일렁였고, 타오르는 듯한 붉은 산호들과 으스스한 모습을 한 연둣빛 뇌산호들이 그 주변을 에워싸고 있었다. 코발트 자리돔들은 산호 속을 들락날락하면서 숨바꼭질하느라 여념이 없었지만 암갈색 곰치들은 우리를 보고 조금 놀랐는지 납작한 몸을 잔뜩 웅크리고 있었다.

나는 아버지를 바라봤다. 이번에도 아버지는 나를 향해 오케이 신호를 해보였다.

우리는 계획보다 오래 잠수했고, 산소통이 거의 바닥을 드러낼 무렵에서야 마지못해 수면 위로 올라갔다. 물 밖으로 나온 우리는 조심스럽게 배로 헤엄쳐갔다. 나는 아버지가 배 위로 오르는 것을 도우며 환한 미소를 지어보였다.

그날 잠수를 마친 뒤에 내게는 커다란 변화가 생겼다. 우선 자연에 대한 커다란 사랑과 존경을 마음속 깊은 곳에 품게 되었다. 이것은 내게 언제든 찾아가 마음에 평화와 안식을 얻을 수 있는 고향 같은 곳이 생겼다는 의미였다. 그러니 이제는 힘겨운 날이 닥쳐도 견뎌낼 수 있을 것만 같았다. 이보다 훨씬 더 중요한 변화는 아버지에게 느낀 끈끈한 유대감이었다. 질풍노도의 시기를 걷던 열다섯 소년에게 더없이 절박했던 유대감 말이다. 아버지와 함께한 스쿠버 다이빙을 통해 아버지가 언제나 곁에서 나를 지켜주실 것이라는 큰 믿음을 가지게 되었다.

그 뒤로도 오랫동안 나는 아버지에게 감정을 제대로 표현하지 못했다. 하지만 다행스럽게도 아버지는 내 마음을 잘 헤아려주셨다. 카리브 해의 목욕물처럼 따스하고 반짝이는 푸른 바닷물 속으로 함께 미끄러져 들어갈 때, 내가 아버지에게 보낸 오케이 신호에는 단순히 다음번에도 꼭 같이 잠수하자는 뜻만 담겨 있는 것은 아니었다.

말로 하지는 않았지만 나는 언제나 이렇게 말하고 있었다.

"아버지 사랑해요."

그리고 아버지는 그것을 너무나도 잘 알고 계셨다.

―잭 월

산 속에서 찾아낸 오아시스

진정 가치 있는 행동은 다른 사람을 위해 했던 일 가운데 존재한다.
그리고 이 사실이야말로 가장 깨닫기 힘든 인생의 비밀이다.
루이스 캐럴

딸아이들이 어깨에 작은 배낭을 둘러메고 50미터 정도를 걸을 수 있게 되었을 때부터 우리 가족은 함께 뒷산에 오르기 시작했다. 막내인 크리스티가 여섯 살, 언니인 홀리가 열 살이 되자 제법 높은 산의 정상에 도전해볼 만큼 실력이 늘었다.

등반을 하자면 우선 호숫가에 위치한 베이스캠프까지 10킬로미터 정도를 걸어가야 했다. 우리는 걸음을 서두르지 않고 중간에 하룻밤을 쉬어가며 호숫가 야영장에 도착했다. 그곳에서도 잔뜩 흐리고 비가 내려 텐트 안에서 이틀을 더 기다려야 했지만 그리고 나서 맞이한 화창한 아침은 우리 마음을 마냥 설레게 만들었다. 정상까지 가기 위해서는 우선 미끄러운 비탈길을 15킬로미터가량 올라가야 했다. 비탈길을 안전하게 등반하기 위해 크리스티의 허리에 밧줄을 묶으며 두 딸이 인내와 힘을 잃지 않기를 빌었다.

비탈길을 다 오른 뒤에도 정상까지 가려면 한참을 걸어가야 했다. 그 긴 길 끝에 우뚝 솟아 있는, 그야말로 눈부시게 아름다운 정상은 우리의 무거운 걸음을 가볍게 만들어주기에 충분했다. 산행에서 정상은 거센 소나기 뒤에 떠오를 무지개였고 오랜 고생 끝에 찾아올 기쁨이었으며 사막 어딘가에 숨어 있을 오아시스였다. 사실 남편 러스와 나는 비탈길을 무사히 다 오르는 것을 이번 산행의 목표로 삼았었다. 그곳에서 모두 함께 산의 정상을 보는 것으로 충분하다고 생각했었다. 그런 다음에 산행을 계속할 수 있을지 결정해도 늦지 않을 것이라고 말이다. 비탈길을 무사히 오르고 점심을 먹기 위해 잠시 쉬어가면서 딸들에게 말했다.

"언제든지 걸음을 멈추고 돌아갈 수 있다는 거, 잘 알고 있지?"

그러자 홀리가 우리 모두를 향해 분명히 말했다. 우리는 할 수 있고 또 해야만 한다고 말이다. 크리스티가 망설임 없이 언니의 말에 동의하자 우리는 산행을 계속했다. 정상을 향해 천천히 한걸음 한걸음 옮기던 중에 우리는 열 명쯤 되는 소년들과 마주쳤다. 이들은 모두 무거운 배낭을 옆에 내려놓고 쉬고 있었는데 이들을 이끄는 듯한 어른 한 명은 무섭게 생긴 개 한 마리를 데리고 있었고 정말 커다란 짐 가방에 기타까지 짊어지고 있었다. 내 눈을 믿을 수 없을 지경이었다. 소년들은 모두 너무나도 지치고 슬퍼 보여서 얼마 동안은 한걸음도 옮길 수 없을 것처럼 보였다.

우리가 옆을 지나가자 마치 스치는 산들바람에 잠에서 깨어난 듯 모두들 술렁이기 시작했다. 그리고 서둘러 자리에서 일어나더니 허겁지겁 배낭을 둘러메고는 갑자기 다시 걷기 시작했다.

정상 직전에 있는 마지막 비탈길을 오르기 시작할 무렵 소년들이 우리를 앞질렀다. 몇 분 전에 보았던 이들의 모습만으로는 도무지 상상할 수도 없는 놀라운 속도였다. 그때 한 소년이 함께 걷는 소년에게 중얼거리는 소리가 들렸다.

"꼬마가 우리를 앞지르게 할 수는 없지!"

우리는 서로를 바라보며 한번 빙그레 웃고는 미끄러운 비탈길을 천천히 올랐다. 두 걸음 앞으로 나아가면 한 걸음 미끄러지곤 했지만 그런 것은 아무런 상관이 없었다. 어쨌거나 우리는 함께 앞으로 나아가고 있었으니 말이다.

곧이어 엄청나게 무거운 배낭을 메고 그 위에다 기타까지 매단 소년들의 대장이 비탈길을 올라왔다. 그를 보고 있자니 나 같으면 기타 대신 하모니카를 가지고 왔으리라는 생각을 떨쳐버릴 수가 없었다. 커다란 사냥개마저도 등에다 작은 배낭을 하나 둘러매고 있었다.

이를 궁금하게 여기는 우리들에게 그가 말했다.

"이 녀석도 자기 식량은 스스로 짊어지고 간답니다. 다른 녀석들처럼 말입니다."

그가 계속해서 말을 이었다.

"그나저나 여러분에게 감사하다는 말씀을 꼭 드려야겠네요. 저 녀석들은 모두 이런저런 말썽을 일으켜서 지금 사회적응 프로그램으로 13일간 등반을 하고 있는 중이랍니다. 모두들 에베레스트 산에 무산소 등반이라도 하는 것처럼 쉴 새 없이 힘들다고 불평을 늘어놓던 터에 여러분이 나타난 거예요. 꼬마아이가 둘이나 있는 가족이 즐거운 표정으로 산을 오르다니 믿을 수가 없었나봐요. 그러더니 녀석들, 자기들이 먼저 정상에 오르겠다고 자리에서 벌떡 일어나 힘차게 걷기 시작하더군요. 정말 감사합니다."

우리는 모두 함께 기분 좋게 웃었다. 그리고 나는 크리스티와 홀리를 바라보았다. 그렇게 반듯하게 잘 자라고 있는 딸들이 너무나도 대견했다. 그날 소년들이 내 딸들에게 더없이 소중한 선물을 주었다고 생각한다. 부모들이 평생에 걸쳐 자식들에게 선물하려 애쓰는 자신감과 긍지, 다들 불가능하다고 생각하는 일에 도전하는 아름다운 정신을 말이다. 크리스티와 홀리도 자신들이 누군가에게 힘이 되었다는 사실을 알고는 내심 뿌듯해 하는 눈치였다. 정상에서 잠시 머무르는 동안 소년들 중 한 명이 우리에게 다가와서는 제법 심각하게 물었다.

"이런 걸 자주 하세요?"

나는 빙그레 웃기만 했다. 소년의 표정이 너무나도 진지해 그러기도 했지만 사실 우리의 첫 번째 산행이었기 때문에 선뜻 대답할 수 없었던 것이다. 그 뒤로 몇 년이 흐르는 동안 우리는 몇 번 더 그 산에 올랐다. 그러면서 또 다른 무지개와 기쁨과 오아시스를 찾아냈다. 그러니 이제는 분명하게 말할 수 있을 것 같다.

"그래, 그렇고 말고. 친구야."

—스타 바이스

에밀리 나무

> 아이들의 기억 속에 오랫동안 남게 될 당신의 모습을 결정하는 것은 언젠가 당신이 건넸던 선물이 아니라 그들을 소중하게 대했던 마음이다.
> **게일 스위트**

그날의 시작도 여느 날과 다르지 않았다. 나는 정신없이 바빴고 하루 동안 너무나도 많은 일을 해내려고 잔뜩 욕심을 내고 있었다. 그랬기 때문에 일과 관련이 없다면 무엇이든 어떤 사람이든 좀처럼 신경 쓰지 않았다. 아이들이라고 해서 다를 것은 없었다. 내게 아이들은 그저 성가신 존재일 뿐이었다. 이제 네 살과 18개월 된 내 아이들, 에밀리와 로건 또한 예외는 아니었다.

아이들로 인해 힘겨워 하는 내게 어른들은 말했다. 뭐니 뭐니 해도 지금이 제일 예쁠 때라고. 그리고 아이들이란 눈 깜박할 사이에 자라기 마련이니 아직 어려서 부모의 관심을 필요로 할 때 많은 사랑과 관심을 기울이라고 말이다. 하지만 나는 그렇게 생각하지 않았다. 내 눈에는 사랑스러운 아이들보다는 책상 위에 쌓여 있는 일거리와 세금 고지서, 처리해야 하는 수많은 일이 언제나 먼저 들어왔던 것이다.

참으로 따스했던 그날, 나는 아이들과 함께 밖으로 나갔다. 그리고 신이 난 에밀리와 로건에게 근처에서 놀고 있으라고 일러둔 뒤에 미리 계획해두었던 대로 화단에 무성한 잡초를 뽑기 시작했다. 정신없이 뛰어놀고 있을 아이들 덕분에 나 혼자만의 시간을 만끽할 수 있게 된 것을 내심 뿌듯하게 생각하면서 말이다.

하지만 얼마 지나지 않아 어디선가 나지막한 노랫소리가 들려왔다. 나는 잠시 일손을 멈추고 뒷마당으로 이어지는 소리를 따라갔다. 그곳에는 작은 나무 아래 앉아 있는 에밀리와 로건이 있었다. 그들은 나뭇가지를 향해 노래를 흥얼거리고 있었다. 에밀리가 아기였을 때 심은 까닭에 '에밀리 나무'라고 이름 붙인 바로 그 떡갈나무 아래서 말이다.

수많은 나무 중에 떡갈나무를 선택한 이유는 간단했다. 성장이 빠른 수종이었던 것이다. 새로 심은 떡갈나무 아래 마련해둔 물통 덕분에 에밀리는 생애 첫 여름을 시원하게 보낼 수 있었다. 그리고 해마다 쑥쑥 자라나는 나무처럼 에밀리 또한 무럭무럭 자라났다. 많은 시간이 흐른 지금, 떡갈나무는 제법 그늘을 드리울 만큼 키가 컸고 딸아이는 무엇이든 배우고 탐구하는 것을 좋아하는 영리하고 호기심 많은 아이로 자라났다. 남동생 로건과도 사이좋게 잘 지냈다.

나는 갑자기 궁금해졌다. 왜 나무 밑에 들어가 앉아 노래를 부르고 있는지 말이다. 더구나 언뜻 보기에는 나무에게 노래를 불러주는 것처럼 보였기에 더 이상 참을 수가 없었다. 에밀리의 왕성한 호기심은 날 닮은 것이 분명했다. 나는 아이들에게 다가가 물었다.

로건은 그저 미소만 지을 뿐이었지만 에밀리는 내게 작은 목소리로 찬찬히 일러주었다.

"예쁘고 건강하게 자라나기를 바라는 것이 있으면, 함께 시간을 보내야 하는 거예요."

그러고는 다시 노래를 부르기 시작했다.

나는 그날 더 이상 잡초를 뽑지 않았다. 그 대신 집으로 가서 돗자리와 소풍 도시락을 준비했다. 그리고 에밀리 나무 아래서 아이들과 함께 따뜻한 오후를 보냈다.

—캐롤 트로시

기러기 섬

기쁨은 나누면 두 배가 된다.
괴테

우리 아이들은 그곳을 기러기 섬이라고 불렀다. 사실, '섬' 이라는 표현은 분명 과장된 것이기는 했다. 작은 나무 몇 그루가 드문드문 자리 잡은 약간의 바위 더미에 지나지 않아서, 어지간해서는 지도에서도 찾아보기 힘들었으니 말이다. 섬 주변이 바다라고는 해도 가장 깊은 곳의 수심이 채 2미터를 넘지 않았으며 폭도 6미터에 불과했다.

하지만 '기러기' 라는 말은 틀린 것이 아니다. 지난 15년 동안 해마다 봄이 되면, 캐나다 기러기 한 쌍이 바위 더미 위에 둥지를 틀었으니 말이다. 물론 기러기 섬 아무 곳에나 자리를 잡는 것은 아니었다. 그들은 매년 정확히 꼭 같은 자리에 보금자리를 만들었다. 수면 위 가장 높은 평평한 바위에 이들 부부만이 알아 볼 수 있도록 작은 표시를 해두었던 것이다.

섬에 도착한 어미 새는 작은 가지와 풀을 물어와 둥지의 뼈대를 세웠다. 그러고는 자기 가슴의 솜털을 뽑아 둥지 안을 폭신하게 만들었다. 둥지 앞에 자리 잡은 만개한 산딸기나무 두 그루가 제법 든든한 장막이 되어주는데다 미동도 없이 둥지를 지키고 있는 어미 새 덕분에, 이곳에 그들의 둥지가 있다는 사실을 아는 이는 아무도 없었다. 늘 근처를 지나다니는 어부조차 눈치 채지 못하는 터였다.

어느 봄날, 나는 어미 새가 둥지에서 알을 품는 동안 정기적으로 기러기 섬에 들러보기로 했다. 이른 아침에 섬을 향해 노를 저어가는 5분의 시간은 하루의 시작으로 더없이 훌륭했다. 섬에 가는 길이면 나는 항상 빵 조각을 준비했다. 알을 품느라 배고픔에 지친 어미 새를 위해서였다. 빵으로 허기를 달래는 동안, 어미 새는 내가 자신의 둥지를 살펴보는 것을 허락했다. 둥지 안에는 여섯 개의 커다란 흰색 알들이 가지런히 놓여 있었다.

5월의 두 번째 토요일은 어미 새가 알을 품은 지 24일째 되는 날이었다. 그날은 나를 맞이하는 어미 새의 눈빛이 왠지 예전처럼 다정하게 느껴지지 않았다. 게다가 둥지 주변에 대한 경계도 전보다 훨씬 심해진 것 같았다. 어미 새가 내가 가져간 빵을 먹으려고 몸을 쑥 내고 나서야, 나는 어미 새의 태도가 전과는 사뭇 달라진 까닭을 알 수 있었다. 어미 새의 가슴 아래쪽으로 회색빛이 감도는 노란 솜털뭉치들이 언뜻 보였던 것이다.

너무나도 귀여운 새끼 다섯 마리가 둥지 안에 옹기종기 모여 있었다. 하지만 아직 부화하지 못한 채 그대로 남아 있는 알 한 개가 내 눈길을 사로잡았다.

한배에서 나온 알들은 몇 시간에 걸쳐 모두 한꺼번에 부화되는 것이 일반적인 일이었다. 그러니 무언가 문제가 있는 것이 분명했다. 어미 새가 의심스러운 눈초리로 지켜보고 있었지만 나는 둥지에서 그 알을 천천히 집어 들어서는 귀에다 바짝 갖다 댔다. 안에서는 아무런 소리도 들리지 않았다. 껍질 속에는 아무것도 없는 것만 같았다. 이번에는 알을 살짝 흔들어보았다. 그러다 나는 그만 깜짝 놀라고 말았다. 무언가 묵직한 느낌이 들었던 것이다. 분명 안에는 새끼가 있었다. 제 혼자 힘으로 껍질을 깨려고 애쓰다 그만 지쳐버린 것이 틀림없었다.

나는 아주 조심스럽게 알을 바위에 부딪쳐 껍질에 금이 가게 했다. 어떤 일이 일어날지 누구도 알 수 없는 상황이었지만 그 방법밖에는 없었다. 그때, 알 속에서 축축한 주머니 같은 것이 흘러나왔다. 그리고 뒤이어 한쪽에서는 부리가, 또 다른 쪽에서는 두 개의 가녀린 회색 발이 모습을 드러냈다. 여섯 번째 새끼였다. 하지만 녀석은 숨을 쉬지 않았다.

나는 얼른 셔츠를 벗어 이 가여운 녀석의 젖은 몸을 말리기 시작했다. 하지만 작은 머리는 여전히 힘없이 축 늘어져 있었다. 계속 애써봤지만 아무런 소용이 없었다. 이제 내가 할 수 있는 일은 아무것도 없었다. 잠시 후에 나는 그 녀석을 제 형제들 곁에 가만히 내려놓았다. 그렇게 자연의 품으로 다시 보냈다.

다음 날 아침, 나는 일찍 잠에서 깼다. 그날은 어머니날이었다.

아내를 위해 딸들과 함께 아침 식사를 준비하면서도 내 머릿속은 온통 그 기러기 새끼 생각으로 가득했다. 제 껍질을 깨고 나오지도 못할 만큼 약하게 태어난 녀석이 너무나도 가여웠다. 식사를 마친 후에 나는 작은 섬으로 향하리라 결심했다. 어미 기러기에게 다섯 마리 새끼의 부화를 축하하는 아침밥을 차려주고 싶었다. 어머니날 기념으로 말이다.

어미 기러기를 주려고 빵을 준비해 배로 다가가다가, 나는 정말 놀라운 광경에 걸음을 멈추고 말았다. 내 눈앞에서 새끼 기러기 여섯 마리가 한 줄로 나란히 서서 제 어미의 뒤를 열심히 따라가고 있었던 것이다.

어미 새는 자신의 사랑스러운 새끼들을 이 세상에 마음껏 자랑하고 있었다. 그리고 내 노력이 헛되지 않았음을 온몸으로 보여주고 있었다.

—톰 러스크

새로운 출발

지혜는 한 조각도 공짜로 얻을 수 없다.
다만 스스로의 힘으로 애써 찾아내야 하는 것이다.
마르셀 프루스트

우리는 최악의 상황에 빠져 있었다. 변호사들과 채권자들, 그리고 도대체 무슨 일이냐고 쉴 새 없이 물어대는 딸아이 마가레트까지 우리를 몰아세우고 있었다. 14년간 운영해오던 레스토랑도 문을 닫아야 했다. 우리는 무작정 텍사스(미국 남서부의 주) 부근으로 향했다. 그렇게 해서라도 파산의 아픔과 치욕에서 가능한 한 멀리멀리 달아나고 싶었다.

이틀 뒤에 우리는 좁고 험한 골짜기에 자리 잡은 한 주립공원에 들렀다. 입구에서 표를 사는 동안 내 눈길을 사로잡은 것이 있었다. 그것은 바로 공원 관리인을 모집하는 광고지였다. 채용이 되면 공원에 언제나 사용할 수 있는 야영지를 배정받고 그곳에 머물다가 일정 기간 지정된 지역의 공원을 순찰하면 되었다. 그것은 우리들에게 더없는 조건의 일자리였다. 돈을 내지 않아도 지낼 수 있는 거처에서 우리의 삶을 다시 일구어낼 수 있는 절호의 기회였다. 나는 다음 날 면접을 받기로 했다.

그날 밤 우리는 모기가 들끓는 덤불과 키 큰 수풀 사이에서 야영을 했다. 그곳에서는 이 거대한 협곡이 한눈에 내려다 보였다. 그만큼 외진 곳이었다. 하지만 우리가 쉬어갈 캠핑카는 이동이 쉬웠기 때문에 불안하지는 않았다. 나는 랜턴에 불을 밝혔고 아내 리가 맥주를 준비했다. 그리고 우리의 '새로운 출발'을 위해 건배했다.

얼마 지나지 않아 주위가 온통 칠흑 같은 어둠 속에 묻혔다. 랜턴의 초록색 불빛만이 우리의 작은 보금자리를 비추고 있었다. 스파게티로 간단한 저녁을 마쳤을 때 아내 리가 근처 풀숲에서 뭔가 분주하게 움직이는 소리를 들었다.

아내가 물었다.

"저게 뭐지?"

어둠 속에서 천천히 모습을 드러낸 것은 다름 아닌 커다란 스컹크 두 마리였다. 이미 두툼한 털옷으로 갈아입어 겨울 채비를 마친 녀석들이 우리 간이 식탁을 향해 뒤뚱거리며 걸어왔다.

마가레트가 환호성을 질러댔다.

"와, 정말 예쁘다!"

나는 딸아이에게 아무 말도 하지 말고 가만히 있으라고 신호를 보냈다. 스컹크들이 놀라면 생각만 해도 끔찍한 일이 일어날 것이 분명했기 때문이다. 야영지를 샅샅이 훑어본 녀석들이 이번에는 우리를 향해 슬금슬금 걸어왔지만 우리는 그저 지켜보기만 했다. 그중 한 마리가 내게 다가와서는 킁킁거리며 내 신발 냄새를 맡더니 앞발로 긁어대기 시작했다.

아내가 나지막이 속삭였다.

"이제 어떻게 하지?"

지금 저 녀석들이 유독가스를 내뿜으면 직격탄을 맞겠구나 하는 생각이 스치고 지나갔지만 나는 아무 말도 않은 채 그저 천천히 어깨를 한번 으쓱해 보였다. 자그마치 45분 동안이나 내 신발과 씨름을 하던 스컹크는 좀 더 먹을 만한 것을 찾아 나섰다. 우리는 이때를 놓치지 않고 허둥지둥 테이블 위로 올라갔다. 그리고 네 시간 동안 이 야밤의 청소부가 우리 야영지에서 떠나가기만을 애타게 기다렸다.

'스컹크와의 하룻밤'을 무사히 보낸 우리들은 앞으로 모든 일이 잘 풀려나가리라 확신했다. 지난밤에 그랬듯이 말이다. 우리는 아침 일찍 공원 관리자들을 만났다. 그들은 우리를 흔쾌히 받아주었을 뿐만 아니라 앞으로 우리가 해야 할 일들을 자세히 설명해주고, 우리에게 정말 근사한 야영지를 마련해주었다. 그날 오후 공원을 둘러본 우리들은 골짜기마다 숨어 있는 아름다움에 놀라고 말았다. 이렇게 근사한 곳에서 인생을 다시 시작할 수 있게 된 것이 꿈만 같았다.

그날 저녁, 우리는 계곡에 부는 바람이 어떤 것인지 톡톡히 배웠다. 처음 보는 사나운 돌풍이 쉴 새 없이 우리의 작은 캠핑카를 흔들어대는 바람에 좀처럼 잠들 수가 없었다. 폭풍 같은 바람이 골짜기의 벽에 부딪치면서 온몸으로 울어대고 있었다.

"이건 정말 별로다. 그치?"

아내가 내게 속삭였다.

계속 꼬리를 물고 불어오는 거센 바람이 우리의 작은 트레일러를 사정없이 두드려대자 그 압력을 이기지 못한 창문이 삐걱거리기 시작했다. 이러다가 회전초(가을에 밑동에서 분리되어 들판을 굴러다니는 풀)처럼 저 계곡 밑으로 굴러가버리는 것이 아닐까 걱정하며 어둠 속에서 몸을 떨며 누워 있었다. 몇 시간 뒤에 드디어 바람이 잦아들자 어디선가 코요테가 울어댔고 우리는 이내 깊은 잠에 빠져들었다.

그 뒤 몇 주 동안 우리는 캠핑카에서 살아남는 법을 배웠다. 식량을 아끼기 위해 쌀에다 콩을 두어 먹었고, 좀 색다르게 먹고 싶은 날에는 콩에다 쌀을 두어 먹었다. 거센 바람이 몰아칠 때 캠핑카를 안전하게 지키는 방법을 알게 되었고 아내가 대리 교사로 일해 얼마간의 돈을 벌 수 있었다. 이곳에 도착할 무렵에는 파산의 여파로 인해 결혼생활에 위기가 오고 결국 가족마저 잃게 될지도 모른다고 생각했다. 성공적으로 사업을 일으키고 다시 그 모든 것을 잃어버리느라 정작 성공적인 가족관계를 위한 시간은 거의 내지 못했다는 것을 누구보다 잘 알고 있었던 것이다.

서로의 팔꿈치가 닿는 이 작은 공간 속에는 우리의 마음을 빼앗는 텔레비전도 라디오도 컴퓨터도 없었다. 우리는 매일 밤 추위를 견디기 위해 꼭 끌어안은 채 한 덩어리가 되어서는 책을 읽고 얘기를 나누다가 곤한 잠이 들었다. 바로 그곳에서 우리는 함께 먹고 장난치고 웃고 울었다. 그리고 어디선가 코요테의 울음소리가 들려오는 보석

같이 반짝이던 밤에, 나는 깨달았다. 내가 치욕스러운 파산과 지독하게 작은 캠핑카와 그리고 이 모든 고난에 진정 감사하고 있다는 사실을 말이다. 우리는 함께 먼 길을 걸어 이곳에 도착했고 친구가 되었다. 그리고 어느새 진정한 가족이 되어 있었다.

―로버트 헤더만

자연은 변함없는 친구

다음 생에는 동물로 태어나 그들과 함께 살아가도 좋을 듯싶다.
작은 것에도 만족할 줄 알며,
필요한 것을 스스로 얻을 줄 아는 그들과 말이다.

― 월트 휘트먼

밝은 귀를 가진 다람쥐 소나

*사랑받는다는 것은 정말 기분 좋은 일이다!
하지만 더욱 기분 좋은 일이 있으니, 이는 사랑을 주는 것이다!*
빅토르 위고

　떡갈나무 꼭대기에 살고 있는 새끼 다람쥐 다섯 마리가 몸을 잔뜩 오그린 채로 제 어미의 젖을 먹고 있었다. 이제 막 태어나 아직 털도 나지 않은 까닭에 이들은 따뜻한 어미 품을 연방 파고들었다. 어미는 털이 무성한 꼬리로 새로 맞이한 꼬마 식구들을 살며시 감쌌다. 마치 담요처럼 말이다. 그러다가 밥 먹을 시간이 되어 잠시 둥지를 떠나야 하자, 어미는 새끼들을 나뭇잎으로 잘 덮어두고 나무껍질을 물어다가 둥지를 손봤다. 태어날 때 몸무게가 고작 50그램에 불과한데다 아직 눈도 못 뜬 이 작은 새끼들이 혼자 힘으로 할 수 있는 일은 아무것도 없었다.
　3주가 지나자, 다람쥐 고유의 회색빛이 감도는 부드러운 솜털이 이들의 몸을 감쌌다. 5주에서 6주가 되자, 드디어 눈을 뜬 새끼 다람쥐들이 그동안 자신을 둘러싸고 있던 세상과 처음으로 만났다. 물론 아직은 어렴풋이 보일 뿐이었지만 말이다. 어느새 민첩하고 재빠르게 움직일 수 있게 된 새끼 다람쥐들은 갈고리처럼 생긴 발톱을 이용해 쉴 새 없이 떡갈나무 줄기를 오르내리기도 하고, 건너편에서 흔들리고 있는 나뭇가지로 몸을 날려보기도 했다. 하지만 한 마리는 예외였다.

8주가 흘렀을 때, 새끼 중 네 마리는 둥지를 빠져나가 도토리, 호두, 솔방울 등 먹이가 되는 열매를 찾아 돌아다녔다. 하지만 그중 유독 작은 새끼 한 마리는 아직도 둥지에 머물면서 아껴두었던 먹이를 먹을 뿐이었다.

넉 달이 지나자 다 자란 다람쥐 새끼들이 둥지를 떠났고, 어미는 그해 두 번째 새끼들을 낳았다.

첫 배로 태어난 새끼들이 모두 떠난 둥지 안에는 이제 유난히 작은 암컷 다람쥐 한 마리가 남아 있을 뿐이었다. 어설프게 몸을 움직이던 녀석은 이내 떡갈나무 아래 무성한 수풀 사이로 떨어지고 말았다. 녀석의 형제자매들은 벌써 어디론가 사라지고 없었다. 하지만 근처에서 어미 다람쥐가 재잘대는 소리가 들려왔다. 녀석은 코를 킁킁대기도 하고 수염을 씰룩이기도 하면서 어미의 냄새를 더듬어 찾았다. 드디어 방향을 잡은 녀석은 점점 멀어져가는 어미의 목소리를 붙잡으려는 듯 걸음을 재촉했지만, 그토록 서툰 걸음으로는 좀처럼 어미를 따라잡을 수가 없었다. 녀석은 쉴 새 없이 사방을 두리번거리면서 모든 소리를 들으려 애썼다. 하지만 어렴풋이 들려오던 형제들의 걸음

소리도 어미의 재잘대는 소리도 이내 사라져버렸다. 그렇게, 유독 작은 새끼 다람쥐 한 마리만 남겨 놓은 채 다람쥐 가족은 모두 먼 길을 떠나버렸다. 그때가 숲에서 살아남기에 가장 좋은 시기였던 것이다.

앞에 놓인 수많은 장애물을 헤쳐 가는 동안 새끼 다람쥐의 여린 발에는 하나씩 상처가 생겨났다. 불안에 휩싸인 녀석은 곤란에 처한 자신의 상황을 알리려 비명을 질러댔고, 그때마다 꼬리에서는 약한 경련이 일었다. 하지만 도움의 손길을 내미는 이는 아무도 없었다. 그 작은 가슴 속에서 심장이 방망이질 쳐대는 가운데 가여운 새끼 다람쥐는 힘겨운 여행을 계속했다.

얼마 지나지 않아 새끼 다람쥐는 온몸을 조여 오는 공포로 인해 제대로 숨을 쉴 수도 없을 지경에 이르고 말았다. 기진맥진해진 녀석은 여린 몸을 떨기 시작했다. 더 이상은 한걸음도 옮길 수도 없을 만큼 지쳐버리자 단단한 공처럼 몸을 동그랗게 말고 그 주위를 꼬리로 감쌌다. 그리고 혼자서 하염없이 누군가를 기다리기 시작했다.

갑자기, 바닥에서 낯선 진동이 느껴졌다. 작은 나뭇가지들이 부러지는 소리도 들렸다. 그리고 그 진동이 점점 가까워졌다. 처음 들어보는 소리의 파장이 새끼 다람쥐의 몸을 흔들고 지나갔다. 처음 들어보는 소리에 녀석의 몸이 움츠러들었다.

그 순간, 조니가 외쳤다.

"엄마!"

조니의 빈틈없는 시야에 두려움으로 떨고 있는 작은 새끼 다람쥐 한 마리가 들어온 것이었다. 여러 이유로 자연에 적응하지 못하는 야생동물을 치유해 다시 자연으로 돌려보내는 일을 하고 있는 어미를 둔 탓에, 내 아들 조니는 그동안 숱한 야생동물 새끼들을 돌봐온 터였다. 그래서 저렇게 땅 위에 몸을 동그랗게 만 채 꼼짝도 않는 것은 정상이 아니라는 사실을 잘 알고 있었다. 아들은 부드러운 손길로 숲속에 덩그러니 놓여 있던 회색 털 뭉치를 보듬어 안았다.

나는 조니에게 다가가 물었다.

"그게 뭐니?"

조니는 동그랗게 말아 쥔 두 손을 조금 열어보였다. 그 안에는 아들의 온기에 몸을 기대고 누운 작은 새끼 다람쥐 한 마리가 들어 있었다. 조니는 엄지손가락으로 다람쥐의 머리를 살며시 쓰다듬어주었다. 아들의 목소리에 편안함을 느낀 새끼 다람쥐는 평온을 되찾고 있었다.

"엄마, 이것 좀 보세요."

조니가 다람쥐를 내게 내밀어보였다. 나는 녀석을 꼼꼼히 살펴보기 시작했다. 그런데 분명 눈이 있어야 할 자리에는 속눈썹 몇 가닥과 어둡고 긴 틈이 있을 뿐이었다.

조니가 슬픈 목소리로 내게 말했다.

"이 녀석한테는 눈이 없어요. 앞을 볼 수가 없다고요. 그러니 이 녀석을 우리가 돌봐주어야 하지 않을까요, 네?"

조니와 나는 새끼 다람쥐를 두 손으로 조심스럽게 감싸 집으로 데려왔다. 이는 분명 사랑이었을 것이다.

우리는 함께 새끼 다람쥐의 보금자리를 만들어주었다. 그리고 조니는 우리의 새로운 가족에게 '소나'라는 이름을 붙여줬다.
　아들이 설명을 덧붙였다.
　"이 녀석은 음파탐지기처럼 정말 잘 들으니까, 소나(음파탐지기라는 뜻)라고 부를래요. 소나, 다람쥐 소나요."
　우리 집으로 함께 온 소나는 물과 땅콩버터, 그리고 해바라기 씨와 옥수수를 먹으며 서서히 기력을 되찾았다. 그러고는 아들과 내가 나뭇가지와 작은 돌, 나뭇잎을 넣어 만들어준 우리 속 작은 숲을 조심스럽게 탐험했다. 그 안에서 잠자리로 적당할 폭신하고 포근한 장소를 찾아낸 소나는 아주 만족스러운 표정으로 새로운 둥지에서 첫날 밤을 맞았다. 앞을 볼 수 없어 생사의 기로에 섰던 다람쥐에게 이제 이름과 보금자리와 친구가 생긴 것이었다.
　소나는 우리 가족 중에서 조니를 제일 좋아했다. 녀석은 아들의 목소리에 열광적으로 반응했다. 조니가 우리 문을 열면 어느새 달려 나와 아들의 품에 안겼다. 소나가 귀를 살짝 깨물거나 말랑말랑한 발톱으로 머리카락을 흩어놓을 때면 조니는 녀석에게 속삭였다.
　"요 개구쟁이 녀석."
　매일 아침 소나는 조니의 웃옷 주머니를 살피곤 했다. 그러다가 아들이 그곳에 미리 숨겨둔 도토리나 해바라기 씨 같은 선물을 찾아내기라도 하는 날이면 기쁨에 들떠 소리를 질러댔다. 학교에서 돌아온 조니가 숙제를 하는 내내 소나는 아들의 목에 목도리처럼 제 몸을 감고서 기다렸다. 그래서 조니는 책을 보려고 소나의 꼬리털을 쓸어 올려야만 했다. 소나는 가끔씩 아들을 도우려는 듯 팔을 타고 내려와서는 공책이나 연필을 질겅질겅 씹어놓기도 했다.

조니가 거실에서 텔레비전을 보는 밤 시간이면, 소나는 아들의 가슴에 자리를 잡고 앉았다. 그리고 조니가 부드러운 털을 어루만져주면 녀석은 금방 곤한 잠에 빠졌다. 잠자리에 들기 전에 아들은 항상 곤하게 잠든 소나를 녀석의 둥지에 데려다주었다. 좋은 꿈을 꾸라면서 말이다.

조니가 길 잃은 새끼 다람쥐를 발견한 지 2년 하고 하루가 되던 날, 소나가 아들의 품에서 편안하게 눈을 감았다. 조니는 도토리를 숨겨두곤 하던 웃옷으로 녀석을 소중히 감쌌다. 그리고 먼저 떠난 동물들 곁에 묻기 전에 다시 한번 소나를 가슴에 안았다.

이제 열여섯, 다 자란 아들의 눈에서 한 줄기 뜨거운 눈물이 흘러내렸다.

—린다 미하토브

애견 펌킨

사랑하고 사랑받는 것은 태양의 양쪽에서 햇살을 받는 것과 같다.
데이빗 비스코트

처음에 녀석은 내가 자기 근처에 얼씬도 못하게 했다. 머리를 쓰다듬는 것은 상상할 수도 없는 일이었다. 하지만 녀석은 날마다 해변으로 나와 내 곁에 소리 없이 앉아 있곤 했다. 녀석의 반짝이는 갈색 털은 해변의 고운 모래와 정말 잘 어울렸다.

예전에는 이 녀석에게도 주인이 있었다. 하지만 오래지 않아 버려졌고 그 이후엔 혼자서 힘겹게 살아나가야만 했다. 그러던 중에 녀석이 해변에서 나와 내 배를 발견하게 된 것이다.

나는 요즘도 날마다 배에 올라 노를 젓는다. 투명한 바다가 담청색에서 암녹색으로 변하면 물속에 마치 훌라춤을 추는 소녀처럼 흔들리는 다시마가 많다는 뜻이다. 때로 작은 은색 물고기 떼가 미끄러지듯 다시마 사이를 지나가고, 그 반짝이는 표면 위로 물에 비친 구름의 그림자가 어른거리기도 한다.

그런데 어느 날인가부터 돌고래를 찾아 홍합과 불가사리로 뒤덮인 바위로 노를 저어갈 때면 내 배를 뒤쫓는 제법 나이든 갈색 개 한 마리가 눈에 띄었다. 커다란 발이 자꾸만 모래에 빠져 발이 엉키기도 하고 넘어지기도 했지만 녀석은 아랑곳하지 않았다. 그리고 내 배가 보이지 않을 때까지 해안을 달렸다.

노를 젓다가 지칠 때면 나는 가끔 배 위에 드러눕곤 한다. 허공을 배회하는 펠리컨을 바라보면서 부서지는 파도에 몸을 맡긴 채 바다 위를 떠다니면 어느새 몸도 마음도 편안해지기 때문이다.

그날도 배 위에 누워 파도 소리와 먹이를 두고 다투는 갈매기 소리를 들으며 평화로운 한때를 보내고 있었다. 파도가 잠잠해지고 햇살 또한 따스해 온몸 구석구석으로 나른함이 밀려오는 순간 어디선가 가쁜 숨소리가 들려왔다.

그리고 무언가 배에 부딪쳤다. 어떤 묵직한 것이 물속에 있었다. 최악의 경우, 상어일지도 몰랐다. 나는 놀란 나머지 얼른 일어나 노를 저으면서 따라오는 상어 지느러미가 있는지 살폈다.

하지만 내 배를 따르는 것은 상어가 아니라 커다란 갈색 개였다.

배 안에 있는 나를 발견하기 전까지 녀석의 눈은 불안에 떨고 있었다. 나는 알 수 있었다. 녀석이 나를 찾아 여기까지 헤엄쳐 왔다는 것을 말이다. 내가 배 위에 몸을 눕히자 바닷가에 앉아 지켜보던 녀석의 시선에서 갑자기 내가 사라져버렸고, 내가 위급한 상황에 빠졌다고 생각한 녀석은 나를 구조하러 물속으로 뛰어들었던 것이다. 해변에서는 거추장스럽기만 하던 녀석의 넓적한 발이 물속에서는 제법 쓸 만했을 터였다. 내 얼굴을 마주한 녀석의 커다란 갈색 눈에 안도의 빛이 돌았다. 그 순간, 우리는 한 가족이 되었다. 그리고 나는 커다란 호박을 닮은 이 골든 리트리버에게 펌킨(호박)이라는 이름을 붙여줬다.

그 뒤로 몇 년이 흘렀다. 이제 나이가 들어 쇠약해진 녀석이 할 수 있는 일은 그리 많지 않았다. 하지만 펌킨은 여전히 수영하는 것을 무척이나 좋아했다. 힘겹게 계단을 내려와 모래사장을 걸어가는 녀석의 모습을 보고 있노라면 가슴이 무너지는 것만 같았다. 하지만 나는 막을 수가 없었다. 바다가 녀석에게 선사하는 자유의 의미를 너무나도 잘 알고 있었기 때문이다.

펌킨이 유난히 지쳐 있던 어느 토요일, 나는 녀석이 돌아다니느라 괜한 힘을 소진하지 않도록 대문을 잠가두었다. 그리고 혼자 배를 타고서 녹색의 잔물결과 그 위로 일어나는 하얀 거품을 가르며 바다로 나갔다. 그곳에서 나는 휴식을 취하고 있는 한 무리의 돌고래와 만났다.

나는 노 젓는 일을 멈추고 배 안에 길게 누웠다. 내 곁을 떠다니는 돌고래들의 가냘픈 숨소리가 해변에서 들려오는 나지막한 소리와 아름답게 어우러지고 있었다.

잠시 후에, 또 다른 생명체의 숨소리가 들려왔다. 그리고 뒤이어 무언가 내 노란 배에 쿵 하고 부딪치는, 참으로 익숙한 소리가 났다. 펌킨이었다. 내가 배 안에 편안하게 누워 있는 동안 녀석은 몸을 던져 잠긴 대문을 부수고 지친 몸을 이끌고 그 길고 긴 모래사장을 가로지른 것이었다.

자신의 시야에서 사라진 친구를 찾아서 녀석은 먼 바다를 헤엄쳐 왔다. 돌고래들은 펌킨의 갑작스러운 등장에도 전혀 동요하지 않았다. 마치 아름답고 환상적인 한여름 밤의 꿈처럼, 완전히 다른 모습의 생명들이 세상의 또 다른 끝에서 그렇게 소리 없이 어우러지고 있었다.

그 이듬해, 펌킨은 내 품에 안긴 채 편안한 모습으로 눈을 감았다. 나는 우리가 처음 만났던 해변의 모래와 펌킨이 처음으로 자유를 맛보았던 그 바다로 녀석을 보냈다.

나는 요즘도 바다에 나가 돌고래들을 만나면 배 위에 길게 누워 눈을 감는다. 그리고 어디선가 나를 향해 헤엄쳐 오고 있을 펌킨을 생각하며 행복한 미소를 짓는다.

—주얼 파로박

돌고래와 함께 떠나는 여행

> 숨 가쁘게 흘러가던 시간이 점점 느려지면,
> 우리는 이제 머지않아 천국에 닿을 것임을 느낄 수 있다.
> 그리고 바로 눈앞에서 우리를 향해 손짓하는 죽음을 담담히 받아들인다.
> 이 모두를 가능하게 하는 것은, 우리의 마음 안에 살아 숨쉬는 사랑이다.
> **옥타비오 파스**

"겨우 열다섯에 세상을 떠나야 한다고 생각해보세요. 그건 정말 쉽지 않은 일이지요."

내가 로버트 화이트에게 들은 슬픈 이야기는 그렇게 시작했다. 로버트와 그의 아내는 입원중인 딸아이 리를 만나기 위해 날마다 병원을 찾고 있었지만 리는 이미 자신의 운명을 받아들인 상태였다.

리는 알고 있었다. 병이 결코 자신을 놓아주지 않을 것임을 말이다. 그리고 피나는 노력에도 불구하고 의사도 자신을 도울 수 없다는 것을 말이다. 너무나도 고통스러운 투병 과정이었지만 리는 한번도 불평하지 않았다.

이 특별한 저녁에 리는 참으로 평온하고 침착해 보였다. 하지만 갑자기 뜻밖의 말을 꺼냈다.

"엄마, 아빠, 나 이제 곧 떠날 것 같아. 그래서 무서워. 하늘나라가 여기보다는 훨씬 더 좋을 거라는 것도 잘 알고 이제 그만 좀 쉬고 싶기도 하지만 그래도 겨우 열다섯에 죽는다는 사실이 너무 슬퍼."

물론 그들은 딸에게 거짓말을 할 수도 있었다. 우리는 절대로 너를 이대로 죽게 내버려두지 않을 것이라고 말이다. 하지만 그들은 그렇게 말하지 못했다. 다만 너무나도 용감하게 죽음에 맞서고 있는 딸을 가슴에 안고 함께 서러운 눈물을 삼켰다.

리가 울먹이며 말했다.

"나도 꿈이 있었는데…. 나도 다른 사람들처럼 사랑도 하고, 결혼도 하고, 아이들도 낳고 싶었어. 그리고 아주 큰 해양공원에서 돌고래 돌보는 일을 꼭 해보고 싶었어. 난 돌고래가 너무너무 좋아서 아주 어렸을 때부터 돌고래에 대해서 많은 것을 알고 싶었어. 아직도 나는 돌고래들과 함께 헤엄치는 꿈을 꿔. 드넓은 바다에서 자유롭고 행복하게 말이야."

리는 그동안 아무것도 요구한 적이 없었다. 그런 리가 있는 힘을 다해 아빠에게 말했다.

"아빠, 나 꼭 한 번만 바다에서 돌고래들하고 헤엄치고 싶어. 그러면 더 이상 죽는 게 무섭지 않을 것 같거든."

말도 안 되는 불가능한 꿈처럼 보였다. 하지만 다른 모든 것을 포기해야만 하는 리는 필사적이었다.

가족들은 고심 끝에 할 수 있는 모든 것을 하기로 결심했다. 그리고 플로리다 키스제도(미 플로리다 주에 속한 마흔두 개의 섬)에 돌고래

연구센터가 있다는 사실을 기억해냈다. 로버트는 서둘러 전화를 걸었다.

"그럼 한번 들러주세요."

사정을 들은 연구소 측에서는 흔쾌히 대답했다. 하지만 그곳에 간다는 것은 말처럼 그렇게 간단한 문제가 아니었다. 적어도 로버트의 가족에게는 말이다.

리의 오랜 투병으로 재산이 바닥난 지 오래기에 플로리다에 가는 비행기표를 살 처지도 못 되었다. 그때 여섯 살 난 딸아이 에밀리가 아픈 어린이들의 소원을 들어주는 텔레비전 프로그램을 본 적이 있다고 얘기를 꺼냈다. 자신의 눈에 그 프로그램이 마치 마술처럼 보였고, 언니가 떠올라 신청 전화번호를 적어두었다고 말이다.

로버트는 막내딸의 얘기에 귀를 기울이지 않았다. 무슨 동화 속의 이야기나 말도 안 되는 농담처럼 들렸기 때문이다. 하지만 에밀리가 엉엉 울면서 왜 언니의 꿈을 이뤄주지 않느냐며 자신을 원망하자 어쩔 수 없이 전화번호를 받아들었다. 로버트가 전화를 하고 꼭 3일이 지났을 때, 이들은 모두 비행기에 몸을 싣고 플로리다로 향하고 있었다. 에밀리는 자신이 마치 요술 지팡이 하나로 모든 문제를 해결하는 동화 속 요정이 된 것만 같아 내내 뿌듯해 했다.

드디어 연구소에 도착했지만 리는 너무나도 창백하고 수척해 보였다. 오랜 화학치료로 머리카락이 한 올도 남아 있지 않은데다 그날따라 숨을 쉬기도 힘들어했지만, 리는 잠시도 쉬려고 하지 않고 어서 돌고래를 보러 가자고 애원했다. 가족들은 리가 감기에 걸리지 않도

록 잠수용 고무옷을 입히고 물에 뜰 수 있도록 구명조끼도 단단히 입
혔다. 오랜 기다림 끝에 드디어 리가 물속에 들어갔다. 하지만 이미
너무 쇠약해진 리에게는 앞으로 헤엄쳐나갈 힘이 없었다.

　로버트가 리를 돌고래 내트와 터시가 장난을 치며 놀고 있는 곳으
로 조심스럽게 데려갔다. 처음에 돌고래들은 리에게 아무런 관심을
보이지 않았다. 하지만 리가 자신들의 이름을 부드럽게 속삭이자 바
로 반응을 보였다. 내트가 먼저 다가와서 얼굴을 들어서는 리의 코끝
에 살짝 입맞춤을 했다. 이어서 다가온 터시가 기쁨에 들떠 조금 높
은 톤으로 울어대면서 조금은 요란한 환영인사를 건넸다. 잠시 후에
돌고래들이 자신들의 튼튼한 등지느러미에 리를 싣고서 바다로 헤엄
쳐나갔다.

　기쁨에 들뜬 리가 환하게 웃으며 외쳤다.
　"나 지금 꼭 날고 있는 것만 같아!"
　가족들은 참으로 오랜만에 리의 행복한 웃음소리를 들을 수 있었
다. 모든 것이 꿈만 같았다. 하지만 바로 저기에서 사랑하는 리가 내
트의 지느러미를 꼭 잡고서 바람을 가르며 드넓은 바다를 향해 헤엄
치고 있었다. 돌고래들은 한 시간이 넘도록 리의 곁을 떠나지 않았
다. 그동안 내내 너무나도 부드럽고 다정하게 행동했으며 절대 필요
이상 힘을 사용하지 않았다. 그렇게 리의 곁에서 모든 소원을 이뤄주
었다.

　정말 돌고래들이 사람보다도 훨씬 더 지적이고 섬세한 생명체인
지는 잘 모르겠다. 다만 한 가지 분명한 것은 이 놀라운 돌고래들이

리가 죽어가고 있음을 마음 깊이 이해하고 있었으며 낯설고도 긴 여행을 앞두고 있는 리를 진심으로 위로하고자 했다는 사실이다. 처음 만났을 때부터 돌고래들은 한순간도 리를 혼자 내버려두지 않았다. 그들은 리와 함께 장난쳤고 리의 말에 찬찬히 귀를 기울였다. 리는 돌고래들과 함께 있는 동안 자기 안에서 열정과 생의 의지가 샘솟고 있다는 사실을 깨달았다. 리는 예전처럼 다시 강해졌고 행복했다. 이 모든 것이 그야말로 마술 같았다.

리가 로버트를 향해 외쳤다.

"아빠, 돌고래들이 나를 치료하고 있나봐요!"

돌고래들과 함께 수영한 것이 리에게 어떤 영향을 주었는지 말로 다 표현할 수 없었다. 하지만 긴 수영을 마치고 물 밖으로 나왔을 때, 리는 마치 다시 태어난 것처럼 보였다.

다음 날 리는 너무나 쇠약해진 나머지 자리에서 일어나지도 못했다. 평소와 달리 말도 하려고 하지 않았다. 하지만 로버트가 손을 꼭 잡자 아껴두었던 힘을 다해 이렇게 속삭였다.

"아빠, 나 때문에 슬퍼하지 마. 난 이제 두렵지 않아. 아무것도 겁낼 필요 없다고 돌고래들이 나한테 가르쳐줬거든."

리는 잠시 쉬었다가 다시 말을 이었다.

"난 오늘 밤에 떠날 거야. 그러면 돌고래랑 놀던 그 바다에 나를 꼭 뿌려줘. 돌고래들은 내게 가장 아름다운 순간을 선물해줬어. 이젠 마음이 편안해. 돌고래들이 틀림없이 내 길동무가 되어줄 거야. 그러면 외롭지 않을 것 같아."

동이 틀 무렵, 잠에서 깨어난 리가 속삭였다.

"아빠 나 좀 안아줘. 나 너무 추워."

로버트는 너무나도 작고 여린 딸아이를 살포시 품에 안았다. 아빠 품에 안겨 다시 곤한 잠에 빠진 리는 다시 깨어나지 않은 채 돌아오지 못할 먼 길을 떠났다.

리의 바람대로 가족들은 다음 날 그녀를 돌고래와 함께 헤엄쳤던 바다에 뿌렸다. 가족들도, 그들을 바다에 데려다준 선원들도 모두 서럽게 울었다. 바로 그때 흐르는 눈물 사이로 뭔가 보였다. 그것은 다름 아닌 커다란 은색 몸으로 물살을 가르는 돌고래 내트와 터시였다. 그들은 모두 저 먼 바다를 향해 힘차게 헤엄치고 있었다.

로버트 씨는 이렇게 이야기를 맺었다.

"그렇게 돌고래들이 내 딸아이를 배웅하고 있었답니다."

―알레그라 테일러

아기 하이에나 페퍼

다음 생에는 동물로 태어나 그들과 함께 살아가도 좋을 듯싶다.
작은 것에도 만족할 줄 알며, 필요한 것을 스스로 얻을 줄 아는 그들과 말이다.
월트 휘트먼

둥그렇게 쌓아올린 하얗고 고운 모래 더미가 뽀얀 달빛을 반사하고 있었다. 그 안에는 우리가 '스타'라고 이름 붙인 어미 하이에나가 만들어놓은 제법 큰 굴이 숨어 있었다. 흔히 짐작하는 것처럼 어둡고 침침한 곳이 아니라 이렇듯 환한 곳에 말이다. 나는 굴 입구에서 좀 떨어진 곳에 세워둔 트럭 안에서 불을 끈 채로 아무런 기척도 없는 굴속을 주시하고 있었다. 새끼 하이에나들이 아직 살아 있을지 걱정이었다.

우리가 지난 몇 년간 관찰해온 어미 하이에나 스타가 사자 두 마리의 공격을 받고 죽은 것이 불과 며칠 전 일이었다. 졸지에 어미를 잃고 고아가 된 새끼 하이에나 세 마리, 페퍼와 코코, 그리고 토피는 점점 야위어갔다. 그리고 속절없이 흐르는 무심한 시간과 칼라하리 사막의 거센 바람이 녀석들의 얼마 남지 않은 기력마저 조금씩 앗아가고 있었다.

  나는 한참 떨어진 곳에 피워놓은 모닥불의 흔들리는 불빛에만 의지해 이들의 모습을 살폈다. 물론 전화나 라디오도 가져가지 않았다. 새끼들을 놀라게 해서는 안 되었던 것이다. 드디어 굴 입구에서 작고 거무스름하며 솜털이 보송보송한 머리 세 개가 희미하게 모습을 드러냈다. 그리고 위험을 탐지하려는 듯 분주히 움직이는 작은 눈이 보였다. 별다른 이상이 없다는 판단을 내린 새끼들은 굴에서 조심스럽게 기어 나와 주변을 천천히 걷기 시작했다. 오래전부터 밖에 버려져 있던 말라비틀어진 뼛조각에 코를 들이대고 냄새를 맡던 이들은, 이내 어미가 먹이를 가져오지 않았다는 사실을 깨닫고는 다시 굴속으로 무거운 걸음을 옮겼다.

  이튿날 밤에 나는 동료 마크와 함께 다시 이들을 찾았다. 지난밤 이들에게 무슨 일이 생기지는 않았는지 걱정이 되어 가만히 있을 수가 없었던 것이다. 사막의 반짝이는 밤하늘 아래 조용히 자리를 잡고 앉은 우리는 텅 빈 모래 더미 안을 살펴보기 시작했다.

  바로 그때 덤불 속을 스치고 지나가는 가벼운 걸음 소리가 들렸다. 돌아보니, 이들의 이모뻘 되는 하이에나가 먹이를 입에 물고 저만치에서 부지런히 걸어오고 있었다. 이 녀석은 굴의 입구에다 먹이를 내려놓고는 쇠약하고 허기진 새끼들이 모두 모습을 나타낼 때까지 큰 소리로 그르렁거렸다. 드디어 나타난 새끼 세 마리는 제 이모를 둘러싸고 저마다 서러운 듯 목청을 높였다. 그리고 눈앞에 놓인 먹이를 단단히 물더니 서둘러 굴속으로 몸을 숨겼다. 우리는 방금 갈색 하이에나 새끼들이 '입양' 된 모습을 목격한 것이었다. 그동안 한번도 관찰된 적이 없는 하이에나의 행동양식이었다.

그 뒤로 밤이면 배다른 형제들과 이모들, 그리고 사촌들이 세 마리 새끼 하이에나에게 먹을 것을 가져다주었다. 이들은 점점 기력을 되찾았고 다시 뛰어놀기 시작했다. 나는 트럭에 몸을 숨긴 채 이 모든 모습을 관찰했다. 그렇게 몇 주가 지난 어느 날 문득, 사람이 만든 기계 속에 숨어서 그들을 관찰하는 내 모습이 참으로 자연과 동떨어져 있다는 생각이 들었다. 나는 내 꼬마 친구들과 같은 태양을 쬐고 같은 바람을 맞고 같은 냄새를 맡고 같은 풍경을 보고 싶어졌다.

나는 하이에나 새끼들이 굴 밖으로 나오기 전에 트럭에서 조용히 내렸다. 그리고 이들의 모습이 아주 잘 보이는 곳에 자리를 잡고 앉았다. 트럭을 타고 있는 내 모습에 익숙한 이들이기에 자신들의 영역에 발을 딛고 선 것에 어떤 반응을 보일지 무척 궁금했다. 두려움에 몸을 감출지, 호기심에 주변을 서성일지, 놀란 나머지 나를 공격할지 도무지 알 수 없는 일이었다. 갈색 하이에나들은 일반적으로 사람을 공격하지 않는다. 하지만 이제는 40킬로그램에 가까운 녀석들에게 살짝만 물려도 눈물이 찔끔 날 만큼 아플 것이 분명했다.

몇 분 뒤, 새끼 하이에나 중 페퍼가 굴 밖으로 머리를 불쑥 내밀었다. 녀석의 짙은 갈색 눈은 정말 아름다워서 시선을 뗄 수 없을 지경이었다. 태어난 지 이제 고작 여덟 달이 지났을 뿐이었지만 칼라하리 사막의 뜨거운 태양에 그을린 녀석의 얼굴은 벌써 바짝 말랐고 더러

갈라져 있었다. 뺨에도 어느새 제법 많은 흉터가 나 있었다. 덥수룩한 머리털은 식물의 씨앗이며 돌가루로 범벅이 되어 헝클어져 있었다. 한마디로 말해서 녀석은 정말 근사한 하이에나로 자라나고 있었다.

페퍼는 단번에 굴을 빠져 나와서는 아무런 망설임 없이 나를 향해 걸어왔다. 머리와 두 귀를 쫑긋이 곤추세우고, 눈을 커다랗게 뜨고는 자기 집 앞에 책상다리를 하고 앉아 있는 낯선 짐승을 샅샅이 살피면서 말이다.

녀석은 두어 걸음 앞까지 다가와서는 멈춰 섰다. 나와 얼굴을 마주하고 선 녀석이 고개를 쑥 내밀자, 코가 닿을 듯 가까워졌다. 페퍼는 연신 내 냄새를 깊이 들이마셨고, 나는 숨을 죽인 채 그대로 앉아 있었다. 우리는 그렇게 마주한 채로 서로의 영혼을 응시하고 있었다.

하지만 여전히 무언가를 찾고 있는 페퍼의 눈은 아직도 목마른 듯 보였다. 그러자 나는 궁금해졌다. 녀석이 지금 나를 제대로 파악하고 있는 것인지 말이다. 나는 방어 자세를 풀고 몸을 완전히 노출시키고 앉았다. 사막에서 이런 자세를 취한다는 것은 언제든 짐승들의 공격을 받을 수 있으며, 더욱이 물통과 자외선 차단 크림이 없는 상태라면 잠시도 견딜 수 없다는 것을 의미했다. 이 때문에 내가 좀 더 작고 연약하게 보였을 것이 분명했지만, 페퍼는 나를 공격하지 않은 채 참으로 오랫동안 그저 꼼꼼히 살필 뿐이었다.

굴을 떠날 수 있을 만큼 충분히 자라자, 페퍼는 종종 우리 캠프에 들렀다. 텐트 안으로 머리를 쑥 밀어 넣어 목욕하는 우리들의 모습을 능청맞게 구경하기도 했고, 모닥불 옆에서 저녁을 먹는 우리들에게 슬금슬금 다가오기도 했다. 하지만 가끔씩은 그저 저만치에 서서 우리를 지켜보기만 해서, 내가 다가가 녀석의 곁에 앉아 있기도 했다. 태초의 적막 속에서 페퍼와 함께 달빛에 반짝이는 사막을 물끄러미 바라보다가 모래에 손을 짚으면 손가락 사이로 참으로 고운 모래알이 소리 없이 빠져나갔다. 그러면 나는 다시금 온몸으로 느낄 수 있었다. 나 또한 이 모래나 아기 하이에나 페퍼와 같이 이 지구의 일부분이라는 사실을 말이다.

—데리아 오웬스

바다사자와의 우연한 만남

가슴 가득히 폭풍이 몰아치는 날이면,
일렁이는 우리를 온몸으로 품는 것은 언제나 바다이다.
그러면 우리들은 어느새 한결 넓어진 가슴에 작은 바다 하나씩을 담고서
다시 저 거친 세상을 향해 힘찬 걸음을 내딛는 것이다.
수잔 세인트 존 롤트

플로리다 남서부의 한 인적 드문 해변을 혼자 걷던 중에 나는 그만 소스라치게 놀라고 말았다. 앞바다에서 낯선 소리가 들려왔던 것이다. 무언가 지금 저 바다 속에서 괴로움에 뒤척이며 신음 소리를 내고 있었다.

바로 그때, 무슨 바다짐승의 둥그런 회색 등 같은 것이 푸른 바다를 뒤덮은 붉은 거품 사이로 모습을 드러냈다. 그리고 괴로운 듯 버둥거리다 이내 깊은 바닷물 속으로 가라앉았다. 잠시 후에 다시 모습을 드러낸 넓적한 코가 참으로 애처롭게 숨을 내쉬었다. 분명 바다사자였다. 붉게 물든 주변의 바다와 몸부림치는 모습으로 볼 때, 뭔가 문제가 생긴 것이 틀림없었다.

이곳처럼 따뜻한 해안가에서 바다사자를 보는 것은 드문 일이 아

니었다. 하지만 저런 모습은 처음이었다. 보통은 먹이를 찾아다니다 숨을 쉬려고, 혹은 먹이가 풍부한 곳을 발견한 뒤에 그곳에 머물려고 속력을 좀 늦추느라 그 커다란 콧구멍이 물 밖으로 잠시 모습을 드러내는 것이 전부였다. 하지만 육중한 몸을 가진 까닭에 달리는 배의 프로펠러에 깊은 상처를 입거나 바다 속에 버려진 쓰레기에 뒤엉키는 일 또한 비일비재했다.

나는 정말 바다사자를 돕고 싶었지만, 무엇을 어찌해야 좋을지 알 수가 없었다. 바닷가에 사람이라고는 나 혼자뿐이었다. 해안 경비대에 연락하고 싶은 마음이 간절했지만 전화가 너무 먼 곳에 있어서 소용이 없었다.

나는 해변에서 한가로운 한때를 보내려 챙겨온 가방을 모래 위에 던져버렸다. 그리고 괴로움에 끊임없이 몸부림치는 한 마리 짐승을 향해 무작정 헤엄치기 시작했다. 바다사자 주둥이의 빳빳하게 곤두선 털을 볼 수 있는 곳까지 다가갔을 때, 나는 다시 한번 깜짝 놀라고 말았다. 좀 더 작은 주둥이 하나가 바로 옆에서 모습을 드러낸 것이었다.

당황한 나머지 서둘러 얕은 곳으로 헤엄쳐갔지만 바다사자들 또한 나를 따랐다. 순식간에 나는 포위되고 말았다. 한두 마리가 아니라 적어도 서너 마리는 되어 보이는 거구의 바다짐승들에게 말이다. 바다사자들의 우두머리라도 된 듯 우쭐한 기분도 들었지만 그것도 잠시였다. 나는 이내 현기증을 느꼈다.

바로 그때, 주먹코 하나가 내게 바짝 다가왔다. 하지만 이것은 빙

산의 일각일 뿐이었다. 투명한 바닷물은 주먹코 아래 붙어 있는 바다사자의 거대한 몸과 그 곁에 바짝 달라붙은, 제 어미를 꼭 닮은 새끼 한 마리를 고스란히 드러내고 있었다.

어미는 노처럼 넓적한 지느러미를 이용해 새끼를 물 위로 살짝 밀어 올렸다. 물 위로 올라온 새끼는 얕은 숨을 토해냈다. 그토록 거대한 몸집의 바다사자가 더없이 온화한 손길로 제 새끼를 어루만지고 있었다. 나도 손을 뻗어 그 통통한 새끼를 쓰다듬어주고 싶었지만 선뜻 그렇게 할 수는 없었다. 그래도 괜찮을지 혹시 어미가 성내지는 않을지 도무지 알 수가 없었기 때문이다.

바다사자 두 마리가 물속으로 살짝 미끄러져 들어가자, 또 다른 바다사자 둘이 나를 향해 살며시 다가왔다. 그러곤 내 양쪽에서 자신들의 등을 내 몸에 부드럽게 문지르며 지나갔다. 마치 헤엄을 치듯이 말이다. 그들은 내 주위에 둥그렇게 모여 이러한 행동을 반복했다. 어미 바다사자와 어린 새끼도 그들과 함께했다. 인사를 건네는 듯한 그들의 모습에 용기를 얻은 나는 손을 뻗어 어미 등에 바짝 붙어 있는 어린 바다사자의 머리를 조심스럽게 쓰다듬었다. 그 감촉이 고무공처럼 탄력 있고 단단했다.

모두들 몇 번씩 그렇게 인사를 건넸다. 나는 그들이 나와 몸이 닿는 것을 즐기고 있다는 사실을 확신할 수 있었다. 그래서 나 또한 망설임 없이 내 옆을 지나는 바다사자를 모두 쓰다듬었다. 그중 한 마리가 먹이를 발견하고는 그리로 헤엄쳐갔다. 그제야 나는 깨달았다. 이들은 그저 제 갈 길을 가던 중이었던 것이다.

마침내 나의 새로운 친구들은 모두 함께 더 깊은 물속을 향해 헤엄쳐갔다. 나는 그들이 사라져간 곳을 하염없이 바라보고 서 있었다. 점점 높아지는 파도가 나를 해변에 데려다줄 때까지 마법에서 깨어나지 않기를 간절히 바라면서 말이다.

사실 나는 아직도 그날 아침에 무슨 일이 일어난 것인지 정확히 알지 못한다. 아마 앞으로도 그러할 것이다. 다만 새로운 생명이 탄생하는 순간을 축복하는 바다사자들의 의식에 운 좋게도 함께했던 것은 아닌지, 나 또한 자신들의 새로운 동료로 환영해준 것은 아닌지 짐작할 따름이다. 하지만 시간이 흐를수록 이런 의문들이 부질없는 것임을 깨닫게 되었다.

그 우연한 만남 속에서 나는 이 넓은 세상 어디서도 느끼지 못했던 생의 아름다운 어우러짐을 온몸으로 느낄 수 있었다. 그리고 그날의 기억은 이제 내 마음속에서 하나의 음악으로 남았다. 우울한 날에, 나는 그날을 떠올리며 나지막이 노래를 부른다. 그러면 또다시 바다사자들을 만나고 서로 등을 어루만지고 기쁨을 나누며 다시 세상을 향해 나아갈 힘을 얻는 것이다.

해마다 5월의 마지막 주가 되면, 나는 도시락을 싸들고 여전히 인적이 드문 그 해안을 찾아 그날 태어난 새끼 바다사자의 조촐한 생일 파티를 연다. 그리고 나만 알고 있는 다정한 친구들을 추억한다.

—린다 바로우

기러기 조지 부부

그것만이 진정한 모험인 까닭에 우리는 오늘도 사랑을 한다.
니키 지오반니

　10여 년 전에, 우리 부부는 드디어 작은 산 중턱에 자리한 근사한 땅을 마련했다. 오랜 꿈을 이룬 터라 정말 뛸 듯이 기뻤다. 그곳에 살면서 날마다 새로운 아름다움에 눈을 뜨는 놀라운 경험을 할 수 있었고 우리는 이 모든 감동을 그곳에 머무는 물고기와 오리와 사슴, 그리고 수많은 새들과 기꺼이 함께 나눴다. 이들 또한 산의 일부였으니 당연한 일이었다.
　하지만 기러기들은 완전히 얘기가 달랐다. 이쯤에서 내가 기러기들을 결코 좋아할 수 없는 이유를 밝혀두는 것이 좋을 듯하다. 우선 녀석들은 떼로 몰려다닌다. 그것도 야단법석을 떨면서 말이다. 게다가 아주 공격적인 성향을 가졌다. 그리고 무엇보다도 녀석들은 주변을 온통 난장판으로 만들어놓고 만다. 이런 까닭에 기러기들이 집단

이동을 시작하는 봄과 가을이면 여지없이 한바탕 전쟁이 벌어지고 마는 것이다. 나는 녀석들을 몰아내려 하고 녀석들은 어떻게든 머물려고 한다. 어느 틈에 녀석들이 연못가에 자리를 잡고 앉을라치면 나는 녀석들을 향해 소리를 꽥꽥 지르며 쏜살같이 달려간다. 허공에다 두 팔까지 휘저으면서 말이다.

녀석들을 불안하고 초조하게 만들어 스스로 떠나게 하려는 심산인 것이다. 그리고 몇 년간 나는 항상 승리했다. 기러기 떼는 대부분 채 몇 시간을 머물지 못했다. 끈질긴 놈들도 오래 버텨봐야 하루 이틀이 고작이었다. 그러고 나면 녀석들은 뭐 이렇게 인정 사나운 동네가 다 있나 하고 넌덜머리를 내면서 다들 알아서 떠났다.

6년 전 그날도 녀석들이 다시 돌아왔다. 하지만 이번에는 뭔가 좀 달랐다. 부부로 보이는 기러기 두 마리가 무리의 녀석들과는 좀 떨어져 앉아 있었던 것이다.

이들은 온몸으로 내게 말하고 있는 것 같았다.

"우리는 좀 달라요. 그러니 다른 녀석들하고 똑같은 취급은 사양이라고요."

나와 한바탕 전쟁을 치르고는 화가 난 기러기 떼가 이번에도 어김없이 꽥꽥 소리를 지르며 연못을 떠났다. 하지만 나는 알고 있었다. 무리를 따라 떠난 기러기 부부가 곧 다시 돌아올 것임을 말이다. 이틀 후에 그들이 돌아왔다. 그리고 밤을 틈타 연못 위에 조용히 내려앉았다.

내가 연못가로 다가가자 녀석들은 경계의 눈초리를 보내왔다. 녀석들은 내가 과연 무슨 짓을 할지 두고 보는 중이었다. 어찌하면 좋을지 고심하던 차에 아내 바바라가 내게 다가왔다.

그녀가 말했다.

"저 녀석들은 한 쌍이에요. 평생을 함께할 부부라고요. 우리를 귀찮게 구는 일은 없을 거예요. 그러니 저기에 머물도록 그냥 내버려둡시다."

그래서 나는 그렇게 했다.

오리들은 기러기의 출현에도 아랑곳하지 않고 계속해서 연못으로 먹이를 먹으러 왔다. 처음에 기러기들은 오리를 아주 먼 곳에서 지켜보았다. 하지만 며칠이 지나자 연못 반대쪽으로 슬금슬금 자리를 옮겼다. 다시 며칠이 지난 어느 날, 기러기들이 갑자기 날개를 퍼덕이며 연못 안으로 날아 들어왔고, 넉살 좋게 오리들과 어울려 연못에서 헤엄을 쳤다.

그 뒤로 6년 동안 연못은 기러기 차지였다. 해마다 암놈 기러기가 둥지를 틀었지만 새끼를 본 것은 단 한 번뿐이었다. 행여 잠시 둥지를 비우더라도 꽥꽥대는 목소리 덕분에 어디 있는지 눈을 감고도 알 수 있었다. 연못 위로 화려한 착륙이라도 할라치면 벌써 몇 분 전부터 둘이 서로 마주보고 무슨 얘기를 그리 많이 하는지 귀가 다 먹먹할 지경이었다.

그들은 서로에게 더없이 헌신적이었다. 그리고 우리는 이러한 기러기 부부에게 점점 빠져들고 있었다. 그들은 이제 이곳을 자기들의 연못이라고 철썩 같이 믿고 있는 듯했다. 오리라면 몰라도 다른 기러기들을 이곳에 들이는 것은 어렴없는 일이었다.

녀석들은 처음에는 다른 기러기들을 몰아내는 일을 우리에게 미루곤 했다. 하지만 유난히 성마른 기러기 떼를 몰아내다 지친 나는 기러기 군에게 애원했다. 우리는 녀석에게 조지라는 이름까지 붙여준 터였다.

"조지, 나 좀 도와주면 안 되겠니? 여긴 네가 사는 연못이잖아. 그러니 저 녀석들을 쫓아버려야 하는 것은 바로 너라고."

이제는 기러기가 우리 말을 알아듣지 못한다는 사실을 알게 되었고, 또한 정말 우연이라는 것도 알지만, 그 뒤로 조지 부부는 침입자들을 몰아내는 데 혁혁한 공을 세웠다. 녀석들은 적들을 대부분 해치웠다. 하지만 가끔 밀릴 때도 있었는데, 그때는 내가 달려가 도왔다.

기러기들이 대개 그러하듯이 우리 기러기도 아주 영리했다. 녀석들은 가끔 침입자들 속에 숨어 있다가 내가 소리를 치며 쫓는 시늉을 하면 괜히 놀란 척 고래고래 소리를 질러대며 먼저 하늘로 날아올랐다. 그러면 예외 없이 나머지 녀석들도 덩달아 날아올랐다. 다음 날 아침이나 그날 저녁 늦게 조지 부부는 연못으로 돌아왔다. 언제나 그랬듯이 떠들썩하게 신바람이 나서 말이다.

우리 부부가 외출했다 돌아오는 길에 연못 아래 있는 작은 다리를 지날 때면 조지 부부가 목을 길게 빼고 목청껏 울어대기 시작했다.

그러면 아내 바바라가 말했다.

"우리 기러기 경비원들 덕분에 집을 비워도 든든한걸."

그리고 실제로도 물론 그러했다.

조지 부부가 머무는 연못에서 좀 색다른 일이 일어나면 그들은 서로 마주보고 한참 동안 얘기를 나눴다. 그들이 대화하는 모습을 바라보고 있노라면 경이롭다는 생각마저 들곤 했다. 이 기러기 부부가 하루에 나누는 대화가 인간 부부 대부분이 일주일 동안 나누는 대화보다도 훨씬 많았던 것이다.

상대방에 대한 이들의 헌신은 정말 특별했다. 그들에게 서로는 인생의 동반자였다. 하루 스물네 시간을 함께 보냈으며, 연못 안에 있을 때나 근처에 있는 야트막한 숲에 놀러갈 때나 절대 헤어지지 않았다. 한마디로 그들은 상대방과 같이 있는 것을 즐겼다.

조지 부부도 점점 우리 부부를 신뢰하기 시작했다. 처음에는 오리에게 먹이를 주려고 연못에 들러도 그저 먼발치에서 지켜보다 우리 모습이 멀어진 뒤에야 달려와 오리들을 제치고 먹이를 뺏어 먹었다. 먹이를 들고 오는 우리를 향해 오리보다 먼저 뛰어오기 시작한 것은 그로부터 몇 년이 지나고 난 뒤였다. 사실 뒤뚱거리며 걸어왔다는 표현이 더 적합하지만 말이다. 언제나 먼저 달려오는 것은 조지 군이었다. 녀석은 내가 너무 다가왔다는 생각이 들면 특유의 소리를 내어 불만을 표시했다.

조지 부부는 연못 근처에서 주로 시간을 보냈다. 조지 군은 가끔 목과 얼굴을 날개 속에 묻은 채 한쪽 다리로 서 있곤 했는데 그러다가도 우리가 조금만 가까이 다가갈라치면 고개를 쭉 빼들고는 의심 어린 눈초리로 우리의 일거수일투족을 지켜봤다.

우리를 좀 더 신뢰하게 되면서, 조지 군은 고개를 쭉 빼들지는 않게 되었다. 하지만 날개 속에 숨겨진 녀석의 시선은 여전히 내게 고정되어 있었다. 그로부터 일년이 지나서야 비로소 내 존재에 대해 완전히 신경 쓰지 않게 되었다. 연못 속을 지저분하게 만드는 풀이나 나뭇잎을 치우느라 몇 걸음 앞까지 다가가도 녀석들은 더 이상 아랑곳하지 않았다.

그러던 어느 날, 내가 연못에 옥수수 알갱이를 던지자 조지 군이 오리들을 제치고 헤엄쳐 와서는 내 앞에서 멈춰 섰다. 소리를 내지르지도 않았다. 그리고 내가 옥수수를 바닥에 던지자 녀석은 그야말로 열광적으로 이것을 집어먹었다. 그것도 쉴 새 없이 수다를 늘어놓으면서 말이다. 나는 이 놀라운 재주에 할 말을 잃었다. 어떻게 먹고 말하는 것을 동시에 할 수 있는지 도무지 알 수 없는 노릇이었다.

시간은 그렇게 흘러갔고 녀석들은 우리의 친구가 되었다. 우리는 서로에게 헌신하는 그들에게 매혹당한 터였다. 조지 부부의 유대감이 수십 년을 함께 살아온 우리 부부보다 낫다는 생각이 들 정도였다. 드러내 말로 표현하지는 않았지만, 우리 두 사람 모두 마음속 깊은 곳에서 이를 궁금해 하고 있었다.

4월 초에 조지 부부가 새로운 둥지를 틀었는데 이번에는 그 장소가 예년과는 좀 달랐다. 항상 머물던 연못 건너편의 버드나무 뒤쪽이 아니라 우리에게 훨씬 가깝고 숲이 우거진데다 방어가 쉬운 연못 가장자리에 자리를 잡은 것이다. 조지 부인은 좀처럼 둥지를 떠나지 않았다. 그뿐만 아니라 언제든 공격할 태세로 두 눈을 부릅뜨고 부지런히 사방을 살피고 있었다. 아마도 둥지의 위치를 옮겨 환경을 좀 바꿔보면 운이 트여 새끼를 볼 수 있지 않을까 싶었나 보다.

그즈음 조지 군의 성격도 급격하게 바뀌었다. 녀석은 사슴이 앞뜰에 발을 들여놓는 것을 허락하지 않았다. 사슴이 그림자만 비쳐도 떠나갈 듯 소리를 지르며 화를 냈다. 그래도 성에 안 차면 귀청이 떨어질 정도로 울어대면서 날개를 활짝 펼친 채로 땅에 붙어 날거나 내달렸다.

녀석의 행동은 전적으로 의도적이었다. 땅 위에 옥수수가 그득하기를 원했기에 사슴이 몽땅 먹어치우는 꼴을 놔두고 볼 수 없었던 것이다. 하지만 오리 몇 마리쯤은 봐주기도 했다. 오리들이 얼마 먹지 못한다는 것을 잘 알고 있었기 때문이다. 이는 어쩌다 한번씩 둥지를 떠나 허겁지겁 먹이를 집어먹고는 다시 헐레벌떡 둥지로 돌아가 어머니로서 수고를 마다하지 않는 부인을 위한 만반의 준비였다.

아내 바바라가 정원을 돌볼 때면, 어디선가 나타난 조지 군이 다가와서 무언의 압력을 넣었다. 정원 돌보는 일은 그만두고 어서 일어나 들통에다 옥수수나 담아오라고 말이다. 그러고는 자기 청을 들어줄 때까지 꼼작도 않고 버티고 서 있었다. 이 무법자에게 항복한 아내가 옥수수를 담아와 연못 근처 땅 위에 모두 뿌리면 바람같이 나타난 조지 부인이 허겁지겁 다 먹어치웠다. 그러는 동안 조지 군이 평소 그토록 좋아하던 옥수수에 눈길 한번도 주지 않은 채로 부인의 곁을 지킨 것은 물론이었다.

이런 일은 몇 주 동안 계속되었다. 그리고 5월 초 어느 날, 평소처럼 일어난 나는 옷을 걸쳐 입고 옥수수를 가지러 차고로 갔다. 조지 군은 연못에 있었는데 여느 때와는 달리 내 움직임에 아무런 관심을 보이지 않았다. 나는 옥수수를 던져주곤 하던 연못가로 걸어갔다. 하지만 녀석은 아랑곳하지 않았다. 그래서 늘 그랬던 것처럼 옥수수를 땅 위에 던져놓고는 집으로 돌아왔다. 30분쯤 지나 다시 나와보니, 여덟 마리의 사슴이 옥수수를 먹는데도 조지는 이들을 내버려두고 있었다. 정말 이상한 일이었다.

이튿날 조지 군은 둥지에서 멀지 않은 연못가에 앉아 있었다. 이번에도 나는 옥수수를 뿌려주었다. 그리고 이번에도 녀석은 쳐다보지도 않았다. 나는 슬슬 불안해지기 시작했다. 뭔가 잘못된 것이 틀림없었다. 조지 부인이 어디에 있는지 찾아봤지만, 어디에서도 모습이 보이지 않았다. 어딘가 나무 뒤에 숨어 있을지도 모를 일이었다.

3일 째 되던 날 아침, 조지 군은 같은 곳에 앉아 있었다. 또다시 옥수수를 던져줬지만 아무런 반응이 없었다. 나는 녀석을 꼼꼼히 살펴봤다. 뭔가 큰일이 난 것이 분명했다.

나는 녀석에게 가까이 다가가 부드럽게 물었다.

"이 녀석아, 무슨 일이 있는 거지?"

녀석이 얼굴을 들어 나를 쳐다봤다. 나 또한 그의 눈을 바라봤다. 그러고는 그만 숨이 턱 막혀버렸다. 분명 그의 눈에서 끔찍한 절망과 슬픔, 더할 수 없는 애달픔을 보았던 것이다. 그렇게 기러기와 한 인간 사이에서 무언의 대화가 오갔다.

그 순간 나는 불쑥 이렇게 말해버렸다.

"어쩌면 좋으니, 정말 가슴 아픈 일이구나."

그러고는 마음을 졸이면서 둥지를 둘러봤다. 둥지는 텅 비어 있었지만 침입의 흔적을 찾을 수는 없었다. 사라진 알을 지키기 위해 애쓴 흔적도 전혀 보이지 않았다.

코요테 한 마리가 밤을 틈타 조지 부인을 죽였다는 사실을 알게 된 것은 그로부터 한참이 지나고 나서였다. 하지만 이를 알지 못했던 당시, 조지의 사랑하는 부인이 죽었다는 사실을 깨닫지 못한 나는 그저 둥지 주변이 깨끗하다는 사실에 안도하면서 조지가 앉아 있던 곳으로 돌아왔다. 하지만 그는 가고 없었다.

나중에 모든 사건의 전말을 알게 되었다.

아내가 말했다.

"영영 떠나버린 건 아닐 거예요. 돌아올지도 모른다고요. 종종 새로운 짝을 만나는 경우도 있다고 하니까요."

아내의 목소리에는 이 모든 비극이 치유되기를 바라는 소망이 담겨 있었다. 하지만 우리는 알고 있었다. 그러기에는 상처가 너무 크다는 사실을 말이다. 애끓는 슬픔에 잠긴 조지는 다시 돌아오지 않았다.

그의 눈에서 보았던 더할 수 없는 애달픔은 그 뒤로도 오랫동안 내 마음을 울렸다.

어떤 일이 있더라도 삶은 또다시 흘러가기 마련이다. 곧이어 기러기 떼가 들이닥쳤다. 하지만 이 연못은 우리가 접수했으니 다른 데 가서 알아보라고 당당히 울어 젖히는 기러기 부부의 모습은 어디에도 없었다. 나는 연못이 기러기로 넘쳐나는 것을 보고 싶지 않았다. 그래서 예전에 그랬듯이 이들을 환영하지 않는다는 뜻을 분명히 밝했다. 그들은 완강히 버텼지만 나 또한 그들 못지않았다. 기러기들이 투덜거리면서 떠날 때까지, 나는 계속해서 괴롭혀댔다.

기러기와의 전쟁은 몇 주간 계속되었다. 그리고 그 무렵 무리와 좀 떨어진 곳에 자리를 잡고 앉은 기러기 한 쌍을 발견했다. 한 무리의 기러기 떼가 떠나고 난 어느 날, 그들이 다시 돌아와서는 몇 시간 동안 머물렀다. 그들은 아주 가까운 곳에서 나를 유심히 관찰했다. 무리와 떨어져 있는 한 쌍의 기러기를 받아줄지 어떨지를 가늠하고 있는 것이 분명했다. 그날 밤 녀석들을 그냥 내버려두자 내 뜻을 알아챘다. 다음 날 오후, 그들이 다시 돌아왔다. 그리고 그 다음 날에도 그랬다. 그들은 아직 이곳을 자기들의 연못으로 결정하지 못했지만, 아마도 조만간 그렇게 할 것이다.

나는 요즘 아내와 전보다 훨씬 더 많이 포옹한다. 그동안 우리가 얘기를 나눌 때면 언제나 아내는 내 손을 꼭 잡고 있었다. 하지만 지금은 내가 먼저 아내의 손을 찾는다. 오랫동안 아내가 그래왔던 것처럼 말이다. 아내는 내가 나이가 들어 부드러워진 것이라 여긴다.

하지만 나를 이렇게 만든 것은 조지 군과 녀석의 부인이다. 그리고 그 기러기 부부가 함께 나눈 이야기들이다.

—도날드 루리어

당나귀들이 머무는 땅

정확한 위치를 알려주는 지도란 어디에도 없다.
헤르만 멜빌

스무 살 무렵이던 1974년 후반에 나는 멕시코에서 캐나다로 이어지는 사막 길을 찾아 지도 만드는 일을 하고 있었다. 하루는 죽음의 계곡을 통과하는 길을 찾다가 그만 날이 저물어 유리다 평원 근처에 있는 베이스캠프에 묵었다.

동이 트자마자, 나는 코튼우드 산맥의 이름 없는 깊은 골짜기를 향해 길을 떠났다. 온통 바위로 덮인 습지를 한 시간쯤 걸었을 때 나는 깨달았다. 혼자가 아니라는 사실을 말이다. 어른거리는 그림자들과 당나귀 울음소리가 나를 감싸고 있었다. 조심스럽게 몇 걸음을 떼고 보니 내가 발을 딛고 서 있는 곳은 100여 마리의 당나귀들이 서식한다는 그 지역이 분명했다. 나는 천천히 주위를 둘러봤다. 당나귀들은 대부분 협곡을 따라 서 있었고, 나머지는 절벽의 가파른 경사면에 서서 나를 내려다보고 있었다.

　나는 부러 모른 척하며 계속해서 걸었다. 그러다 잠시 후에 어깨를 맞대고 내게로 성큼성큼 걸어오는 몸집이 커다란 당나귀 10여 마리와 마주쳤다. 10미터가량 떨어져 있었음에도 온몸으로 전해지는 그들의 의연한 자세는 나로 하여금 잠시 멈춰 서서 지금 가려는 이 길이 과연 옳은 것인지 돌아보게 만들기에 충분했다. 이곳을 통과하던 중에 당나귀들의 집단공격을 받아 목숨을 잃은 사람이 있다는 얘기를 들은 적은 없었지만, 이들에게는 자신들의 소중한 터전에 낯선 이가 발을 들여놓게 할 뜻이 전혀 없는 것이 분명했다.

　잠시 후에 유난히 덩치가 큰 당나귀 한 마리가 앞으로 나와서는 다른 당나귀들의 섣부른 공격을 자제시키려는 듯 뒤를 돌아봤다. 당나귀 얼굴을 가까이에서 본 것은 그때가 처음이었다. 5미터가량 더 떨어진 곳에서는 암탕나귀 한 마리가 계곡 벽에 붙어 선 채로 제 새끼를 보호하고 있었다. 나와 눈이 마주치자 이 녀석은 황야에서 맹수라도 만난 듯 두려움에 몸을 떨었다.

　그 녀석 뒤쪽의 능선으로 시선을 옮기다 나는 그만 깜짝 놀라고 말았다. 내 주변에는 두세 마리씩 무리를 짓고 서 있는 암탕나귀와 새끼들이 제법 되었던 것이다. 그제야 당나귀들이 새끼를 낳는 시기가 그즈음이라는 사실에 생각이 미쳤다. 수컷들은 지금 자신들의 짝과 새끼들을 온몸으로 보호하고 있었다. 그들 중 한 마리가 내 말을 기다리는 듯 귀를 쫑긋이 세우고 머리를 곧추세우는 것을 보고서 나는 겨우 안도의 한숨을 내쉬었다.

"걱정하지 마라, 이 녀석들아. 나는 그냥 지나가는 길이란다."
나는 부드럽게 말을 꺼냈다.
하지만 당나귀들은 귀를 씰룩거리면서 옆구리만 한번 부르르 떨 뿐 별다른 반응이 없었다. 이렇게 상냥하게 말을 건네는 것은 아무런 소용이 없는 것이 분명했다. 그래서 이번에는 돌을 하나 주워서 제일 큰 당나귀 앞으로 살짝 던졌다. 돌이 발에 떨어지자 녀석은 고개를 숙여 킁킁거리며 냄새만 맡았다.
당나귀에게는 움직일 의사가 전혀 없는 것이 틀림없었다. 그래서 나는 내키지는 않았지만 가던 길을 다시 가기 시작했다. 그러자 갑자기 돌변한 당나귀들이 크게 울부짖었다.
커다란 당나귀들이 굉음을 내며 계곡 북쪽을 향해 걸어가는 모습에 나는 그만 그 자리에 얼어붙고 말았다. 이제, 제일 큰 당나귀만 남아 둑 위에서 나를 노려보고 서 있었다. 당나귀와의 기 싸움에서 이기는 것 밖에는 방법이 없었다. 계곡으로 계속 움직이려 애써봤지만 번번이 허사였다. 당나귀의 커다란 갈색 눈에 완전히 압도당한 나는 한 발자국도 움직일 수가 없었다. 서로를 응시하며 서 있는 동안, 내 몸에는 전율이 흘렀다.
그 순간 녀석이 내게 전하고자 하는 뜻은 오직 한 가지였다. 녀석은 내가 조용히 계곡을 떠나주기를 정중하고도 분명하게 애원하고 있었다. 그리고 나는 알고 있었다. 내가 녀석의 믿음을 저버리고 이곳을 지나가지 못할 것이라는 사실을 말이다. 나는 계곡 아래로 걸음을 옮기기 시작했다. 그렇게 조금 전에 걸어 올라왔던 길을 다시 걸어 내려갔다.

　돌아가는 길 내내, 매년 이곳을 다녀가는 수많은 여행자들에게 사막 길을 알려주어야 하는 내 본분에 대해 곰곰이 생각했다. 물론 오늘은 알려지지 않은 바위투성이 계곡 사이의 이 길도 언젠가는 지도 위에 빨간 선으로 선명하게 표시될 수 있을 것이다. 그렇다고 해서 그것이 내가 이곳을 사람들에게 반드시 알려야만 하는 이유가 될 수 있을까?

　나는 그렇지 않다고 결론을 내렸다.

　우리가 살고 있는 이 지구가 진정으로 원하는 것은 계곡 몇 개쯤은 이름이 붙여지지 않은 채로 남아 있는 것일지도 모를 일이다. 또한 더러 정복되지 않은 산이 남아 있고, 아직 탐험가의 손길이 미치지 않은 처녀림이 남아 있다는 사실이 더 가치 있는지도 모른다. 우리는 왜 끊임없이 더 높은 산을 오르고, 모든 사막의 지도를 만들고, 마른 호수와 드러난 바위에까지 모조리 이름을 붙이려 하는 것일까?

　언젠가는 이 모든 것들이 그곳에 존재한다는 사실을 아는 것만으로도 충분한 날이 왔으면 한다. 그저 어딘가에 있다는 사실만으로 말이다.

—존 소에니첸

야생 칠면조들을 부르는 방법

*만일 당신이 넉넉한 사랑을 기울인다면,
그것이 무엇이든 당신에게 말을 건넬 것이다.*
조지 워싱턴 카버

23년간 뜨겁고 거친 아프리카 오지에서 야생동물을 연구해온 남편과 나는 이제 이글거리는 태양이라면 지긋지긋했다. 우리는 하얀 눈이 못 견디게 그리웠다. 결국 고민 끝에 낡은 텐트를 걷어버리고 좀 더 튼튼한 집과 모래 바람이 덜 부는 곳을 찾아 움직이기로 결정했다. 그래서 우리는 미국 북서부 아이다호의 사람 손길이 닿지 않은 아담한 계곡으로 거처를 옮겼다.

온통 산과 나무로 둘러싸인 그곳에는 빙하기에 생겨난 호수와 돌 틈 사이를 흐르는 시내가 군데군데 흩어져 있었다. 한마디로 그곳은 아프리카에서 지내던 집과는 정반대였고 이는 너무나도 반가운 변화였다. 우리는 오랜 세월 지켜본 사자와 코끼리와 기린 대신 근처를 활보하는 말코손바닥사슴과 흰꼬리사슴과 흑곰을 관찰했다. 하지만 이 모든 동물 중에서도 유독 우리의 관심을 끈 것은 다름 아닌 야생 칠면조였다.

우리가 도착하기 몇 년 전에, 아이다호의 야생동물 관리국이 이곳으로 야생 칠면조를 들여왔다고 했다. 하지만 이 카리스마 넘치는 새들에게 북쪽 땅은 살기에 적합하지 않았다. 이들이 길고도 혹독한 겨울을 견뎌내기 위해서는 누군가의 도움이 절실했다. 이런 사정을 알게 된 남편과 나는 겨울 동안 이들에게 먹이를 주는 프로그램에 참여하기로 결정했다. 그리고 40여 마리의 야생 칠면조를 우리가 지내는 곳으로 데려왔다. 나는 이 일을 아주 소중하게 여겼다. 그래서 오직 이들을 배불리 먹이겠다는 일념 하나로 하루에 두 번씩 두꺼운 옷을 잔뜩 끼어 입고는 쌓인 눈을 헤치고 밖으로 나갔다.

내가 칠면조를 돌보기 시작했을 무렵, 남편 마크가 결혼기념일 선물로 고양이 두 마리를 건네 나를 깜짝 놀라게 했다. 여러 해 동안 밀림 속에서 사자와 표범 같은 큰 동물을 관찰하면서, 언젠가는 품에 안을 수 있는 작은 고양이를 가질 수 있기를 소망했었다. 남편이 이런 내 마음을 헤아린 모양이었다. 하지만 주변에 코요테와 푸마가 많았기 때문에 밤에 돌아다니는 것은 고양이들에게 상당히 위험한 일이었다. 그래서 칠면조들에게 먹이를 주러 나가는 저녁시간이면, "나비야, 나비야, 나비야" 하고 고양이들을 불러들였다. 그러면 어디선가 나타난 녀석들이 얼른 따뜻한 오두막 안으로 몸을 숨겼다.

얼마 지나지 않아 영리한 칠면조들은 중요한 사실 한 가지를 알아차렸다. 내가 고양이들을 부른 뒤에는 어김없이 눈 위에다 옥수수를 뿌린다는 것을 말이다. 그래서 언제부터인지 녀석들은 내 목소리가 들리기만 하면 암놈 수놈 할 것 없이 숲 속에서 달려 나왔다. 사실 그 녀석들만 그런 것은 아니었다. 흰꼬리사슴과 까마귀들까지도 "나비야, 나비야, 나비야"라는 말의 뜻을 "식사 준비 끝"이라고 여긴 것이다. 그래서 내가 고양이를 부를 때면 언제나 40여 마리의 칠면조와 열다섯 마리의 사슴과 셀 수 없이 많은 까마귀가 마당에 모여 앉아 입맛을 다시고 있었다.

아마도 내가 이 일에 지나치게 열중한 탓이었을 것이다. 몇 년이 지나고 난 뒤에, 우리 집 근처에는 80마리가 넘는 칠면조가 살게 되었다. 혹시라도 저녁 식사가 조금이라도 늦어지는 날이면, 녀석들은 너나 할 것 없이 우리 집 창문에 붙어 서서 번뜩이는 눈으로 우리의 일거수일투족을 주시했다. 그리고 내가 옥수수가 든 양철통을 들고 나타날 때까지 우리 집 앞마당에서 서성거렸다. 무슨 다른 용무가 있어 우리 집에 들르기라도 한 것처럼, 마당 한쪽에 놓아둔 테이블 주변을 펄쩍펄쩍 뛰어다니거나 현관 지붕에 옹기종기 모여 앉아 있거나 괜히 날개를 퍼덕거리면서 나를 기다렸다.

짝짓기 계절이 돌아오면 암놈에게 깊은 인상을 남기고 싶은 수놈들이 목청껏 울어댔다. **"거블 거블 거블"** 하며 울어 젖히는 그 소리가 온종일 숲 속에서 메아리쳤다. 하지만 아주 작은 목소리만으로도 녀석들의 울음소리를 이끌어낼 수가 있었다. 내가 "나비야, 나비야, 나비야" 하고 부를 때마다 녀석들이 **"거블 거블 거블"** 하고 대답했던 것이다.

어느 날 우리 집 근처를 지나던 그 지방 운동선수가 칠면조 떼를 발견하고는 가까이서 보고 싶어 했다.

그가 말했다.

"두 분께서도 녀석들을 불러낼 수 있겠지만, 저도 꽤 잘한답니다. 몇 년 전에 숲에서 배웠지요. 한번 보시겠어요?"

우리가 미처 대답하기도 전에, 그는 이상하게 꼰 손가락을 동그랗게 만든 입 안에 넣고는 가슴 깊이 숨을 들이마시더니 이내 큰 소리를 토해냈다.

"거블 거블 거블"

그러자 숲 속에서 칠면조 몇 마리가 힘없는 목소리로 마지못해 대답을 했다.

"거블 거블 거블"

"잘하시네요. 그럼 이번에는 제가 한번 해볼게요."

이렇게 대답한 나는 아주 즐거운 목소리로 이들을 불렀다.

"나비야, 나비야, 나비야."

그러자 숲 속에서 천둥 같은 소리가 들려왔다.

"거블 거블 거블"

그리고 여든 마리가 넘는 칠면조들이 그 얇은 다리를 최대한 재빠르게 움직여 숲 속에서 뛰어나왔다.

얼어붙은 듯 꼼작도 못하고 그 광경을 바라보던 그의 모습이 지금도 눈에 선하다. 지나고 보니 내가 그의 기분을 상하게 한 것은 아닌지 걱정이 된다. 다시 만난다면, 야생 칠면조를 부르는 방법을 가르쳐주고 싶다. 오랜 시간 만나고 얘기를 나누고 서로 익숙해지면 세상 무엇과도 얘기를 나눌 수 있음을 살짝 일러주고 싶다.

—데리아 오웬스

'약속이'라는 이름의 코요테

자신을 사랑하듯이 세상을 사랑하라.
그러면 모든 것을 진정으로 보듬어 안을 수 있을 것이다.
노자

나는 어디선가 들려오는 아주 무시무시한 울음소리에 잠을 깼다.
우리 목장이 외진 곳에 자리 잡은 까닭에 새벽녘 이상한 소리가 들리는 일은 흔했다. 가슴을 울리는 수리부엉이 소리, 길고 구슬픈 살쾡이 소리, 그리고 새벽 경주를 벌이는 박쥐들의 비명 소리에 문득문득 우리는 놀랐다. 하지만 이번에는 좀 달랐다. 무언가 겁에 질린 채 떠나갈 듯 쩌렁쩌렁한 울음소리를 내고 있었다. 나는 조심스럽게 창밖을 내다봤다. 코요테들이었다!
코요테는 찢어질 듯한 높은 톤의 비명부터 구슬프기 그지없는 낮은 울음까지 열 가지가 넘는 소리를 낸다. 코요테 한 마리가 여러 마리처럼 소리를 낼 수 있어서 두어 마리가 함께 우는 소리가 산과 절벽에 메아리치면 마치 교향악단이 연주를 하는 것만 같다.

코요테는 농장에서 기르는 가축들에게 위협이 될 수 있었다. 우리 농장에는 잘 나타나지 않는 녀석들이 고마울 따름이었다. 하지만 콩밭 사이를 유유히 걸어 다니는 코요테들에게서는 묘한 매력이 뿜어져 나왔다. 사실 나는 한참 동안 모습을 나타내지 않는 이 멋진 녀석들이 보고 싶었다.

녀석들의 노래를 듣다가 다시 잠을 청하려 침대에 누웠을 때, 밖에서 제법 큰 소리가 들려왔다. 그리고 이내 귀청이 찢어질 듯 점점 커지더니 갑자기 멈췄다. 뭔가 격렬한 전투가 일어난 모양이었다. 짐승 한 마리가 죽은 게 아닐까 생각하면서 일어나 창밖을 살펴봤다. 하지만 밖에는 흩날리는 민들레 홀씨처럼 토끼털이 여기저기 흩어져 있을 뿐이었다.

나는 남편 빌의 트랙터가 어디쯤 있는지 농장을 두리번거렸다. 트랙터의 전조등이 이른 새벽안개 속에서 향긋한 자주개자리 밭 사이를 천천히 움직이고 있었다. 어제 남편이 기름을 치고 날을 세워둔 덕분에 트랙터의 가위처럼 생긴 칼날이 날렵하게 베어낸 풀을 연신 토해냈다.

내가 열두 살과 아홉 살 된 베키와 제이미의 아침을 준비할 때만 해도 코요테가 멀리 가버렸을 것이라 생각했다. 딸들은 언제나 학교에 가기 전에 송아지와 토끼를 돌봤다. 갑자기 제이미가 겁에 질린 눈을 하고 부엌으로 달려 들어왔다.

제이미가 소리쳤다.

"엄마! 아빠가 코요테를 죽였어! 지금 막, 저기 밭에서. 코요테가 공중으로 붕 뜨는 걸 내가 분명히 봤어!"

남편 빌은 풀을 벨 때 근처를 지나는 짐승들에게 주의를 기울이는 법이 없었다. 주위에 뭐가 있든 상관하지 않고 무조건 앞으로 나아갔기 때문에 트랙터가 지나간 밭 위에는 도로처럼 곧은 길이 생겨나곤 했다. 베키와 제이미가 그곳에서 죽은 오리를 발견한 뒤에도 남편은 절대 고집을 꺾지 않았다. 남편이 건초 만들 준비를 시작하면 딸들의 잔소리도 시작되었다.

"아빠, 밭에 다람쥐 둥지가 있으니까 제발 조심해주세요. 어미 고양이랑 새끼 고양이들이 다니는지 잘 살펴보는 것도 잊지 마세요."

베키가 애원하면 제이미도 옆에서 한몫 거들었다.

"저쪽에 새끼 토끼 사는 거 아시죠?"

그러면 남편은 꼭 이렇게 대답했다.

"바로 그 녀석들이 저 밭에 있는 농작물을 반이나 먹어치우고 있다는 거 너희들도 알지? 난 우리 소들을 잘 먹여야 한다. 어미 새하고 토끼들이 아니고 말이다!"

그리고 다시 한 치의 흐트러짐도 없이 오직 앞을 향해 트랙터를 몰았다.

운 좋게도 지금까지 비극을 겪은 것은 오리 한 마리뿐이었다.

아침을 먹으러 집으로 돌아온 빌이 땀에 젖은 모자를 옷걸이에 걸고 난로 옆 의자에 털썩 앉더니 내게 말했다.

"아무래도 코요테를 트랙터로 친 것 같아."

남편은 무척이나 괴로워하고 있었다.

"나도 알고 있어. 제이미한테 들었어."

나는 부러 아무렇지 않은 듯이 대답했다.

"며칠 전부터 코요테 암놈 한 마리가 밭 끝자락에 앉아서 나를 지켜보더라고. 아주 딱해 보이는데다 바짝 마른 게 어디가 아픈 것 같았어. 건초 더미 뒤쪽에서 쥐를 쫓고 있는 걸 내가 뒷거울로 분명히 확인했는데, 어느 틈에 그렇게 되어버렸어."

남편은 잠시 아무 말도 하지 않았다.

"그 녀석 다친 몸을 이끌고 허겁지겁 도망쳤는데, 지금쯤 저 밭 어디선가 죽었을 게 틀림없어."

"그런데 암놈인 걸 어떻게 알았어?"

"배가 불룩했어. 새끼를 가진 것 같더라고."

그리고 남편은 긴 한숨을 내쉬었다.

"아닐 수도 있잖아. 그 코요테 죽지 않았을지도 몰라."

이렇게 말은 했지만, 내 몸도 떨려왔다.

남편이 슬픈 눈으로 나를 바라봤다.

"아냐, 그 녀석은 죽었어. 그러니 이제 대머리부엉이나 조심해야지."

하지만 대머리부엉이는 나타나지도 않았다. 다만 어딘가에 굶주린 코요테가 있을지도 모른다는 생각이 계속 머릿속에서 맴돌았다.

여름이 가고 가을이 왔다. 그리고 코요테 생각도 희미해졌다. 겨울이 가까워지자 배고픈 짐승들이 늘어갔다. 그만큼 먹이를 찾기 위해 우리 집 가까이 다가오는 녀석들도 많아졌다. 밤이면 종종 탐스런 꼬리털을 가진 스컹크나 가시털을 가진 호저가 모습을 드러냈다. 녀석들은 어둠을 틈타 떨어진 옥수수알을 찾아 돌아다녔다.

　매서운 바람과 함께 1월이 왔다. 닭장 안에는 다시 따뜻한 등불이 켜지고 말 등에도 담요가 덮였다. 그리고 코요테가 돌아왔다. 닭장 근처에서 날카로운 비명 소리와 낮은 울음소리가 들려왔다. 나는 얼른 옷을 걸치고 밖으로 달려 나갔다. 제법 나이든 코요테 한 마리가 손전등 불빛을 보고 그 자리에 멈춰 섰다. 녀석은 다리가 세 개뿐이었다. 왼쪽 뒷다리가 무릎 밑에서 잘려나가고 없었다.

　남편이 트랙터로 친 코요테가 틀림없었다. 다리를 잃고도 어떻게 살아남을 수 있었는지, 또 이런 몸으로 토끼를 잡을 수는 있었는지 생각하니 마음이 짠했다. 녀석은 애처로울 정도로 말라 있었고 털도 엉망이었다. 하지만 녀석은 나를 보고 두려워하지도 놀라지도 않았다. 그래서인지 그 슬픈 표정이 내 마음을 더욱 아프게 했다.

　문득 녀석의 새끼들은 어떻게 되었는지 궁금해졌다. 이런 환경에서는 한두 마리밖에 살아남지 못했을 테지만 그랬더라도 지금쯤은 젖도 떼고 제법 자랐을 터였다. 난 주변을 이리저리 둘러봤다. 하지만 아무것도 보이지 않았다.

　나는 아직도 자리를 떠나지 않은 어미 코요테를 바라봤다. 여윈 탓인지 섬세하고 영리해 보이는 얼굴에 붙은 귀가 유달리 커 보였다. 뿌옇게 흐려진 호박색 눈에서는 푸른빛이 감돌았다. 순간 나는 이 녀석이 왜 트랙터를 피하지 못했는지 깨달았다. 이 가여운 녀석은 앞을 제대로 볼 수 없었던 것이다.

내 생각이 옳다고 대답이라도 하려는 듯이 녀석이 입을 뗐다. 그러자 숨어 있던 하얀 송곳니가 드러나 보였다. 다행히 조금은 볼 수 있는 것 같았다. 그래서 제 새끼를 찾느라 두리번거리는 내 눈길을 느끼고, 다른 어미들처럼 경계를 하고 있는 게 분명했다. 아마도 새끼가 근처에 있는 모양이었다.

내가 위협적인 존재가 아니라는 사실을 녀석이 깨달을 때까지, 우리는 서로에게서 눈길을 떼지도 움직이지도 않았다. 내가 손전등을 끄자 녀석은 비로소 달빛 아래 몸을 숨길 수 있었다.

갑자기 녀석에게 닥친 이 모든 상황이 너무나도 고통스럽게 느껴졌다. 녀석은 더 이상 농장의 침입자가 아니었다. 녀석은 굶어 죽어가고 있는 한 마리의 짐승일 뿐이었다. 코요테들은 원래 새, 설치 동물, 토끼, 곤충 같은 것을 먹고 산다. 하지만 더러 과일을 먹기도 한다고 들은 적이 있다. 그러니 개밥에다 사과를 한 조각 올려놓으면 먹지 않을까 하는 생각이 들었다.

하지만 듀크가 어떻게 생각할지 몰라 좀 걱정이 되기도 했다. 듀크는 우리가 키우는 매스티프(몸집이 크고 털이 짧은 영국산 맹견)로, 몸무게가 75킬로그램이나 되는데도 소심하기 이를 데 없었다. 듀크는 지금 며칠 전에 코요테의 습격을 받은 토끼우리에서 얼마 떨어지지 않은 현관에 곤히 잠들어 있었다.

녀석은 가끔 자기 밥을 먹어치우는 고양이들은 그냥 내버려두곤 했지만, 자기 밥그릇을 넘보는 것이 들짐승이라면 어찌 나올지 알 수 없는 일이었다. 일단 일을 저질러보기로 결심한 나는 밥그릇에 밥을 담아두고 나서 방으로 돌아왔다.

　침대에 눕고 얼마 지나지 않아 현관 쪽에서 이상한 소리가 들렸다. 밖을 살짝 내다보니 들짐승과 집짐승이 밥그릇 하나를 사이에 두고 각자 머리털과 꼬리털을 잔뜩 곤두세우고 있었다. 두 귀를 늘어뜨린 채로 배를 낮게 하고서 쭈그리고 앉은 코요테는 맹렬하게 짖어대며 앞에 서 있는 듀크를 몰아붙였다.

　그 기세에 제압 당한 듀크는 벌벌 떨면서 낑낑거리기 시작했다. 결국 코요테가 자기 밥그릇으로 걸어와 밥을 몽땅 먹어치울 때까지 앞다리 사이에 커다란 머리를 떨어뜨리고 털썩 주저앉아서 구슬피 울었다.

　다음 날, 내가 이 얘기를 하자 남편 빌이 고개를 저으며 말했다.

　"우리가 끼어들 일이 아니야. 이건 엄연히 자연의 질서를 파괴하는 일이라고."

　나는 남편의 말에 동의할 수 없었다.

　"하지만 녀석은 이렇게 오래 살아남았잖아. 강한 자만 살아남는 것이 자연의 질서라면 이 녀석이 바로 강한 자라고. 나는 그저 약간의 도움을 주려는 것뿐이야."

　그러고서 3개월 동안 코요테는 몇 번 모습을 드러냈다. 그리고 녀석이 듀크의 밥그릇에서 배를 채우는 동안 언제나 북쪽의 황야에서 구슬픈 울음소리가 들려왔다. 어미를 찾는 새끼일까? 아니면 새끼들의 아빠일까? 코요테는 평생 짝을 지어 다닌다고 했다. 그러니 그리움에 지친 녀석의 짝이 어디에선가 목 놓아 부르고 있을지도 모를 일이었다.

듀크의 밥그릇에서 처음으로 밥을 먹고 나서 8주가 지났을 무렵 녀석의 은빛 회색 털이 갈색이 감도는 검붉은 색으로 반짝이는 것이 눈에 띄었다. 그리고 녀석의 몸에도 살이 좀 붙은 것 같았다.

어느 날 아침, 내가 딸들에게 말했다.

"우리 코요테가 전보다 훨씬 건강해 보이는구나. 녀석이 잘 이겨낸 것 같다."

그러자 들뜬 베키가 물었다.

"엄마, 약속할 수 있어요?"

"약속하고말고."

나는 베키와 손가락을 걸며 이렇게 대답했다. 그러자 농장에 있는 모든 동물에게 이름붙이기를 좋아하는 베키가 웃으며 말했다.

"그게 좋겠어요. 우리 이제 그 녀석을 '약속이'라고 불러요."

이듬해 봄은 따뜻하고 예년보다 습기가 많아서 딱정벌레며 나방, 날벌레들이 기승을 부렸다. 바위에 붙은 조개처럼 방충망에 다닥다닥 붙어 있던 벌레들이 집으로 들어오기 시작하자 남편 빌이 벌레 잡는 등불을 매달아두었다. 등불 가까이 다가온 벌레들이 전기가 흐르는 망에 부딪치면 불꽃이 튀면서 바닥으로 우수수 떨어져 내렸다.

그러던 어느 밤, 귀에 익은 울음소리가 다시 들려왔다. 우리는 모두 거실 창문에 붙어 서서 약속이가 잘 구워진 벌레들을 게걸스럽게 먹어치우는 것을 지켜봤다.

이를 본 제이미가 혼자 중얼거렸다.

"저 녀석 익힌 먹이를 더 좋아하는 것이 틀림없어."

의자에 앉아 뚫어져라 신문만 보고 있던 남편이 눈가에 미소를 지었다. 내색은 안했지만 남편도 약속이에 대해 관심을 갖게 된 것이 분명했다.

며칠 뒤에 남편이 흥미로운 책을 한 권 사왔다. 가뭄과 기근이 계속되어도 영리한 코요테는 끝까지 살아남는데, 그 이유인즉슨 이 녀석들이 땅 속에 있는 물 냄새를 맡고 땅을 팔 수 있기 때문이라는 것이다. 그뿐만 아니라 갈증을 없앤 뒤에는 근처에 숨어 있다가 그 물을 먹으러 온 작은 동물이나 새들을 잡아먹는다고 했다.

그날 밤 이후로 약속이를 본 것은 단 한 번뿐이었다. 녀석은 또다시 새끼를 가진 것 같았다. 녀석의 털은 반짝였고 꼬리털도 숱이 무성했다.

그러고 보니 남편의 책에서 본 것이 떠올랐다. 계속 임신을 하는 것을 보면 약속이가 무리의 암컷들 중 서열이 가장 높은 것이 틀림없었다. 출산이 가까워지면 동굴 안에 몸을 숨기고 남편과 무리의 다른 코요테들이 가져다주는 먹이를 먹을 것이다. 물론 새끼가 젖을 뗄 때까지만 말이다. 그 뒤엔 또다시 스스로 먹이 사냥을 나서야 하겠지만.

얼마 지나지 않아 나는 남편이 변했다는 사실을 깨달았다. 어느 날 자주개자리 밭 한쪽을 수확하지 않고 남겨둔 채 집으로 돌아온 것이다.

남편이 내게 투덜거렸다.

"멍청한 오리 한 마리가 저기다가 또 둥지를 틀었어."

그리고 일주일 뒤 토끼 한 마리가 자주개자리 밭 가운데 앉아 꼼작도 않는 사건이 일어났다. 다시 한 번, 남편은 앞으로만 내달리던 트랙터의 방향을 옆으로 틀었다.

8월의 어느 타는 듯이 무더운 날에 건초를 만들던 빌은 그만 깜작 놀라고 말았다. 다리가 세 개뿐인 코요테가 새끼를 데리고 밭 언저리에 그 모습을 드러낸 것이었다. 절뚝이며 트랙터 앞을 지나는 녀석에게서는 한 점의 두려움도 찾아볼 수 없었다.

빌이 지켜보고 있는 가운데, 코요테 새끼가 생쥐들을 쫓기 시작했다. 바람에 널어놓은 건초 더미가 입구를 막아 생쥐들의 은신처가 모두 사라져버린 터라 사냥은 그리 어렵지 않았다. 새끼가 생쥐 몇 마리를 잡아먹을 때까지 약속이는 한쪽에서 조용히 기다렸다. 제법 배가 불룩해진 새끼가 생쥐를 한 마리 더 잡자 약속이가 새끼의 목덜미를 물고는 힘껏 바닥에 내리쳤다.

놀란 새끼는 입에 물고 있던 생쥐를 놓쳤고 약속이가 이것을 얼른 먹어치웠다. 배가 든든해지자 어미 코요테와 새끼 코요테는 밭에서 멀지 않은 곳에 자리를 잡고 드러누웠다. 빌은 자신이 본 광경에 놀라움을 금할 수 없었다

저녁에 집으로 돌아온 빌이 우리에게 이 모든 얘기를 들려주었다. 이것을 가만히 듣고 있던 베키가 심각하게 물었다.

"아빠, 코요테들이 잠들었어요?"

"바로 그러지는 않았지. 적어도 새끼는 말이야. 새끼는 어미의 코

를 깨물고 귀를 잡아당기면서 장난을 치다가 어미 옆에 몸을 동그랗게 말고 잠이 들더구나. 나이 들고 약해졌지만, 어미는 정말 행복해 보였어. 엄마가 곤히 잠든 너희들을 바라볼 때처럼 말이다."

빌이 나를 바라보면서 밝게 미소 지었다. 코요테에 관한 얘기를 하는 남편의 목소리는 예전보다 훨씬 부드러워져 있었다.

겨울이 가까워지자 우리는 이제 다 자란 새끼가 약속이의 곁을 떠나고 무리의 다른 코요테들도 약속이를 돌봐주지 않으면 약속이는 어떻게 될까 걱정이 되었다. 만일 그런 일이 생긴다면 약속이가 다시 우리에게 돌아오기를 빌었다.

매일 밤, 나는 듀크의 밥그릇에다 밥을 넉넉히 담고 위에다가는 사과 한 조각을 얹어두었다. 다음 날 아침에도 밥은 그대로 있었지만 멀리서 들려오는 울음소리는 더 컸다. 하지만 울음소리만으로는 그것이 약속이인지, 녀석의 새끼인지, 무리의 다른 코요테인지 알 수가 없었다.

어느새 몇 달이 흐르고 자주개자리의 계절이 다시 돌아왔다. 이제 남편의 트랙터가 지나간 자리는 전보다 훨씬 더 들쭉날쭉했다. 라벤더 밭에 여기저기 남아 있는 초록색 점이 무어냐고 묻자 남편이 화난 듯 투덜거렸다.

"아 글쎄 메추라기 둥지가 있더라고 게다가 멍청한 토끼들도 몇 마리 있고."

그리고 갑자기 눈을 찡긋해 보이며 남편이 말했다. 좀 돌아가면 어떠냐고 말이다.

4월이 끝나갈 무렵 남편은 날카로운 트랙터의 칼날에서 얼마 떨어지지 않은 곳에서 계속 자신을 따라오는 코요테 한 마리를 발견했다. 녀석은 아주 어리고 건강한 새끼를 가진 암컷이었다.
　흥분한 빌이 우리에게 말했다.
　"글쎄 그 녀석이 한 시간 넘게 나를 따라오더라고. 나를 전혀 무서워하지 않았어. 그리고 틈틈이 생쥐들을 잡는데 정말 숙련된 선수더라니까."
　녀석이 숙련된 선수였다면 약속이의 또 다른 새끼일지도 모를 일이었다. 더구나 내가 약속이를 처음 만났던 곳에 나타나 녀석의 어미와 남동생이 생쥐를 잡던 바로 그곳에서 생쥐를 잡았다면 말이다.
　그날 밤 어디선가 들려오는 코요테의 울음소리에 파랗게 변해버린 약속이의 갈색 눈과 그 작은 얼굴과 반짝이는 하얀 이가 떠올랐다. 그리고 바로 그 순간, 녀석이 얼마나 강인했는지 새삼 깨달았다. 신체적인 장애에도 굴하지 않고 자연과 인간의 공격에 당당히 맞서 자신의 새끼들을 잘 키워낸 약속이가 대견했다.
　"당신이 옳았던 것 같아. 녀석들은 역경에도 굴하지 않고 굳세게 살아남았어. 그렇지?"
　남편이 환한 미소를 지으며 말했다.
　"그래. 맞아."
　나도 환하게 웃으며 대답했다.
　우리에게 고난과 이를 이겨내는 불굴의 의지와 도움의 손길이 갖는 진정한 의미를 가르쳐준 것은 다름 아닌 약속이라는 이름을 가진 코요테였다. 그래서 코요테들이 그렇게 다양한 울음소리를 가지고 있는지도 모를 일이다. 여러 목소리로 울면서 고난을 이겨내고 불굴의 의지를 다지고 누군가의 도움을 청하는 것인지도 모른다. 생각해보면 우리 사람들도 그들과 다르지 않은 것 같다.

—페니 포터

새끼 사슴 미스터 버키

나는 결코 혼자 살아가지 않는다.
나는 내 주위를 둘러싼 모든 것의 일부이다.
로드 바이런

"댁에서 키우던 새끼 사슴 한 마리가 차에 치였어요."

전화선 너머로 들려오는 한 사내의 놀란 목소리가 나를 깨웠다. 아직 멍한 눈을 비비며 시계를 봤다. 새벽 2시 7분이었다.

옆에서 자고 있던 남편을 흔들면서 내가 물었다.

"거기가 어딘가요?"

"바로 집 앞 도로예요. 고속도로 진입로 못 미쳐 오른쪽 아스팔트 도로 위에 쓰러져 있어요."

그러고는 전화가 끊어졌다. 누구 목소리였는지도 알 수 없었다.

나는 남편을 좀 더 세게 흔들어 깨웠다.

"여보, 어서 일어나봐."

그러자 아직 잠에서 덜 깬 남편이 웅얼거렸다.

"으응, 왜에?"

"방금 전화가 왔어. 우리 새끼 사슴 한 마리가 차에 치였대."

이렇게 말하면서 침대에서 일어서는데 두려움으로 속이 울렁거렸다.

"어느 녀석이? 어디서?"

"나도 자세한 건 모르겠어. 전화가 금방 끊어져서 물어볼 틈도 없었어."

나는 급히 양말을 신었다.

그제서야 놀란 남편이 벌떡 일어났다.

"아직 살아 있대?"

"그것도 잘 모르겠어."

이렇게 말하고는 있었지만, 나 또한 궁금해서 견딜 수가 없었다.

우리는 서둘러 옷을 걸쳤다. 남편 존은 필수 장비들을 챙겼다. 담요와 기본적인 의료 장비, 손전등, 그리고 만약을 대비한 소총을 준비했다. 나는 큰아들 조니를 깨워 간단히 사정을 얘기했다.

조니는 아직 잠기운이 가시지 않은 눈을 비비며 걱정스럽게 말했다.

"요다가 아니었으면 좋겠어요."

"그래, 그랬으면 좋겠구나."

나는 살짝 땀에 젖은 아들의 머리카락을 쓸어올리며 기도하는 심정으로 대답했다.

우리는 작년에 새끼 사슴 다섯 마리를 자연의 품으로 돌려보냈다.

하지만 유일한 수놈이었던 요다만은 다시 돌아와 우리 곁에 머물렀다. 녀석은 우리가 제일 아끼는 사슴이 되었고, 어미 잃은 사슴 무리의 우두머리 노릇을 톡톡히 해냈다. 그런 녀석을 사고로 잃고 싶지 않았다. 물론 우리가 돌보는 새끼 사슴 중 어느 녀석도 자동차 사고의 희생양이 되기를 바라지 않았지만 요다에게는 그런 마음이 더욱 각별했다.

전화를 받은 지 채 몇 분이 안 되어 존과 나는 집을 나섰다. 차를 타고 사고 현장까지 가는 그 짧은 시간 동안, 몇 년 전 차 사고로 잃은 새끼 사슴 생각이 머릿속에서 맴돌았다.

작은 수사슴이어서 얼떨결에 미스터 버키(수사슴이라는 뜻의 '버크'에서 따온 말)라는 이름을 갖게 된 녀석은 우리가 자연으로 돌려보내기 위해 키운 어미 잃은 새끼사슴 제 1호였다. 버키와의 만남이 너무도 갑작스러웠던 까닭에 녀석이 머물 우리를 만들면서 얼마나 허둥댔는지 모른다. 하지만 얼마 지나지 않아 우리는 반짝이는 점박이 털코트를 입은 아기 사슴과 그만 사랑에 빠지고 말았다. 미스터 버키가 자라는 모습을 지켜보는 것은 나와 남편에게는 좋은 공부였으며 당시 여섯 살, 네 살이던 아들 녀석들에게는 놀라운 경험이었다. 녀석은 우리의 사랑과 관심을 한 몸에 받았다.

조니는 자랑스럽게 말하곤 했다.

"이 녀석은 내 사슴이야."

그러면 둘째 제시도 질세라 한마디 거들었다.

"내 사슴이기도 해."

우리 모두 사슴 사육에 관한 경험이 전혀 없었지만, 사슴이 무리 생활을 한다는 것 정도는 알고 있었다. 그러니 버키에게도 다른 사슴 친구들이 필요할 것이었다. 우리는 녀석을 위해 고아가 된 사슴 몇 마리를 더 데려오기로 결정했다. 버키가 이들과 함께 자라나 언젠가 모두 같이 자연으로 돌아갈 수 있기를 바라면서 말이다. 우리는 고아가 된 야생동물을 돌보는 사람들에게 전화를 해서 어미 잃은 어린 사슴을 발견하거든 꼭 연락해 달라고 부탁했다. 하지만 전화는 한 통도 걸려오지 않았다. 그들에게서 연락이 왔더라도 다른 사슴들에게 버키를 내줄 수 있었을지는 모르겠다. 우리는 어느새 녀석을 가족으로 여기고 있었던 것이다.

스파이크라는 이름을 가진 한 살배기 수사슴이 버키의 우리에 잠시 머문 적이 있었다. 녀석은 자신을 길들이려는 사람에 의해 한참 동안 외양간에 갇혀 있다가 이제 막 풀려난 터였다. 이미 혼자 살아갈 수 있을 만큼 성장한데다 워낙 독립심이 강하고 아직 야성이 남아 있는 스파이크는 한 우리에 살고 있는 미스터 버키를 거들떠보지도 않았다. 그래서인지 이 어울리기 힘든 친구가 자유를 찾아 높은 울타리를 훌쩍 뛰어넘었을 때, 미스터 버키도 내심 안도하는 눈치였다.

9월이 되자 미스터 버키도 자유의 몸이 되었지만 녀석은 우리 곁을 떠나지 않았다. 오히려 학교에 가기 위해 버스를 타러 가는 조니를 정류장까지 따라가곤 했다.

"얘들아, 저것 좀 봐!"

학교에 가는 날이면 어김없이 조니를 쫄랑쫄랑 따라오는 버키를 보려고 버스에 타고 있던 아이들이 모두 한쪽 창문으로 모여들었다.

"와, 세상에!"

"정말 멋지다!"

조니는 자신의 '애완동물'로 인해 쏟아지는 아이들의 시선에 상당히 만족한 듯 어깨를 우쭐댔다.

겨울이 가까워지자 버키는 몇 시간이고 계속 숲 속을 헤매고 다녔다. 하지만 결코 야생의 사슴 무리 속에 융화되는 법이 없었고 밤이 되면 어김없이 돌아와 우리가 키우던 덩치 큰 래브라도 리트리버(뉴펀들랜드 원산의 사냥개)의 집 주변에 쳐놓은 울타리 아래 고단한 몸을 뉘였다. 그러면 집주인인 맥스도 안락한 집을 버리고 밖으로 나와 미스터 버키 옆에 바짝 붙어 누웠다. 이들은 울타리를 사이에 두고 서로 온기를 나누며 같은 꿈을 꾸었다. 둘이 서로 다른 모습을 하고 있다는 사실은 이들의 우정에 아무런 문제가 되지 않는 듯했다.

어느 기분 좋은 저녁, 미스터 버키가 아직 집으로 돌아오지 않고 있었다.

걱정스러운 마음에 얘기를 꺼내자 남편은 미소 지으며 말했다.

"이제는 그 녀석도 다 컸잖아. 그러니 이번에 돌아온다고 해도 언젠가는 우리 곁을 떠날거야. 그렇게 자연으로 돌아가는 것이 녀석한테도 좋은 일이고."

"그래, 그렇겠지. 하지만 왠지 걱정이 되네."

나는 이렇게 대답했다. 뭔가 좋지 않은 예감이 들었던 것이다.

그러자 남편이 나를 다독였다.

"아침에 와보면, 그 녀석 분명히 돌아와서 쿵쿵거리며 먹이를 찾고 있을 거야."

하지만 다음 날 아침에도 그 다음 날에도 미스터 버키는 돌아오지 않았다. 나는 녀석이 좋아했던 장소를 샅샅이 찾아봤다. 매일같이 목이 터져라 녀석의 이름을 부르며 헤매고 다녔지만 무사히 돌아오기만을 바라는 내 마음을 아는지 모르는지 녀석의 모습은 어디에도 보이지 않았다. 아이들에게는 버키가 다른 사슴 무리와 친해져 이곳을 떠난 것 같다고 얘기했다. 쉽지는 않았지만 슬퍼하던 아이들도 결국에는 이 사실을 받아들였다. 그러는 동안에도 남편 존과 나는 차들이 다니는 도로를 꼼꼼히 살폈다. 최악의 경우 버키가 그곳에 쓰러져 있을지도 몰랐기 때문이다.

그렇게 며칠이 흘렀을 때, 나는 체념하듯 남편에게 말했다.

"이 녀석, 영영 돌아오지 않으려나 봐."

그리고는 언젠가 자연으로 되돌려 보내려고 했으니 오히려 잘된 일이라고 나 자신을 다독였다. 그동안 많은 야생동물을 돌봐왔지만 이렇게 마음이 아픈 적은 없었다. 그 녀석들이 독립할 수 있을 때까지 키우면서, 내게는 한 가지 원칙이 있었다. 항상 일정한 거리를 유지하는 것이었다. 그러면 헤어져도 견딜만 했다. 하지만 미스터 버키의 경우엔 그러지를 못했다. 그 녀석은 내 마음 한 조각을 가지고 떠나버렸다. 그리고 아이들에게 모든 것을 설명해야 했던 순간, 남아있던 마음마저 무너져 내렸다.

사냥철이 다가오고 있었다. 존과 나는 해마다 그래왔듯이 '사냥

145

금지'라고 쓴 밝은 주황색 표지판을 만들었다. 이웃들이 자신들의 땅에도 이 표지판을 세우는 것을 허락해주었다. 우리는 그 안에 아직 이 근처에 있을지도 모르는 미스터 버키의 안전을 비는 마음을 담았다.

그러던 어느 날, 크게 구부러진 도로를 지나던 우리는 한쪽 구석에 누워 있는 사슴 한 마리를 발견했다. 그 녀석은 우리 집 쪽으로 얼굴을 둔 채 무성한 수풀 아래 쓰러져 있었다. 차량 통행이 빈번한 이곳을 지나다 사고를 당한 것이 틀림없었다.

나는 다가가 자세히 살펴봤다. 우리 버키가 분명했다.

"아냐!"

나는 눈앞의 현실을 애써 부인했다. 차갑게 식어버린 버키 옆에 무릎을 꿇고 앉자, 주체할 수 없는 슬픔에 온몸이 떨리고 눈물이 쏟아져 내렸다.

"도대체 왜 이렇게 된 거니 버키야? 형들이 얼마나 보고 싶어 하는데 여기 이러고 있으면 어떡해? 형들한테는 뭐라고 하면 좋으니?"

하지만 그 많은 질문에 대답을 하기에 버키는 이미 너무 먼 곳에 있었다.

나는 울었다. 믿고 싶지 않은 사실과 이 모든 부당함과 부주의한 차들을 원망하면서 서러운 눈물을 삼켰다.

그리고 너무 울어 잠겨버린 목소리로 남편에게 말했다.

"이제 절대로, 무슨 일이 있어도 새끼 사슴은 안 키울래. 다시 또 이런 일이 일어나면 못 견딜 것 같아. 여보, 나 지금 마음이 너무 아파."

　더 이상 슬픔을 주체할 수 없었던 나는 쓰러져 온몸으로 울었다.

　흙과 나뭇잎으로 버키를 덮어주는 남편의 얼굴에도 한 줄기 눈물이 소리 없이 흘러내렸다. 녀석의 무덤가에 서서 우리는 손을 맞잡았다. 그리고 다시는 이런 일이 일어나지 않기를 기도했다.

　트럭에서 내리자 갑자기 찬 바람이 불어왔다. 정신이 번쩍 든 나는 오늘 다친 새끼 사슴에게로 달려갔다. 손전등을 비추며 꼼꼼히 살펴봤지만 손쓰기에는 이미 너무 늦은 상태였다.

　내가 남편에게 말했다.

　"그래도 요다는 아니네."

　아침 햇살이 이를 한 번 더 확인해 주었다. 우리는 쓸쓸히 죽어간 이름 모를 사슴 한 마리를 그곳에서 멀리 떨어진 숲 속으로 데려갔다. 그곳에서 녀석은 다시 한 줌의 흙으로 돌아가 나무를 키우고 열매를 키우고 그 열매를 먹는 짐승들을 키워낼 것이었다.

　차를 몰고 집으로 돌아오니 제시가 마당에 나와 있었다. 아들 녀석은 두 손 가득히 사과를 들고서 자기가 제일 좋아하는 새끼 사슴 요다에게 먹이고 있었다. 제시의 따뜻한 손 안에 얼굴을 묻고는 참으로 맛있게 사과를 먹고 있는 요다의 두 눈은 우리를 신뢰한다고 말하고 있었다. 존과 나는 서로 바라보며 빙그레 미소 지었다. 우리의 마음을 자연 속에서 살아가는 모든 생명들에게 닿게 해준 아주 특별한 새끼 사슴 한 마리를 생각하면서 말이다.

　우리는 여전히 미스터 버키를 그리워한다. 그리고 해마다 봄이 되면 더 많은 새끼 사슴을 돌보며 그 허전한 마음을 달랜다. 그렇게 녀석을 추억한다.

—린다 미하토브

멋진 새 한 마리

마음이 이끄는 대로 가라.
D. H. 로렌스

나는 야외에서 하는 활동이라면 무엇이든 좋아했다. 그런 까닭에 종일 직장에 매달려 있어야 하는 비서일을 계속하는 것은 사실상 불가능했다. 그래서 백방으로 알아본 끝에 부상당한 야생동물을 찾아내 치료하고 다시 자연으로 돌려보내는 일을 하는 기관에서 일자리를 얻을 수 있었다. 건강을 되찾은 동물들이 다시 자연으로 돌아가 자유를 만끽하는 모습을 보며, 다람쥐 쳇바퀴 돌듯이 지루하게 반복되는 회사 생활에서는 결코 얻을 수 없었던 소중한 무언가를 배워갈 수 있었다.

어느 화창한 토요일 오후, 지방 경찰서에서 전화 한 통이 걸려왔다. 연못가에 쓰러져 있는 거위 한 마리를 발견했다는 것이었다.

우리가 도착했을 때 아주 커다란 거위가 경찰관의 품에 안겨 있었다. 갈색과 흰색 털이 뒤섞여 난 녀석의 다리에서 피가 흘러내렸다. 나는 얼른 꼼꼼히 살펴보았다. 운 좋게도 상처는 그리 깊지 않아서 발가락 몇 개가 부러지고 몇 군데 경미한 찰과상에 날개를 약간 다친 것이 전부였다.

녀석을 본부로 데려오는 차 안에서 응급처치를 했다. 우선 테이프로 발가락을 감은 뒤에 상처 부위를 깨끗하게 닦아주고 편안하게 몸을 기댈 수 있도록 자리를 봐주었다. 그러자 녀석이 나를 물끄러미 바라보다가 제 부리로 내 팔을 톡톡 쳤다. 나는 느낄 수 있었다. 녀석은 내게 온몸으로 고맙다고 말하고 있었다.

본부에 도착해서 상처를 치료하는 동안에도 긴장하지 않도록 곁에 서서 녀석이 얼마나 멋진 새인지를 계속 말해주었다. 그러다 보니 어느새 '멋진 새'가 녀석의 이름이 되어버렸다. 그 뒤로 어디선가 '멋진 새'라는 소리가 들리면, 녀석은 고개를 잔뜩 세워들고 이리저리 나를 찾아다녔다. 마치 자신의 이름을 알아듣기라도 하는 것처럼 말이다.

시간이 갈수록 나는 점점 이 갈색과 흰색 깃털이 뒤섞여 난 커다란 멋진 새에게 정이 들고 말았다. 내가 먹이 접시를 좀 늦게 내려놓을라치면 녀석은 내 다리를 살짝 깨물었다. 그리고 먹이 접시를 다 비우고 나서는 크게 울어댔다. 누구든 주변을 지나는 사람이 있을 때도 그랬다. 녀석은 사람들의 관심을 이끌어내는 방법을 알고 있었다.

하지만 얼마 지나지 않아 이별의 시간이 왔다. 몸이 완전히 회복되었기 때문에 이 '멋진 새'를 야생으로 돌려보내야 했던 것이다. 야생에서 데려오기는 했지만 사실 녀석에게는 야생의 본능이 전혀 없었다. 어떤 사연이 있는지는 몰라도 사람의 손에서 자라다가 야생 물새가 된 녀석이 우리들과 다시 이별해야 한다는 사실을 받아들이기란 쉽지 않을지도 몰랐다. 하지만 이미 꽤 오랜 시간을 보낸 자연을 집으로 여기고 있을 것이며, 그 속에서 새로 사귄 친구들도 아직 녀석을 기다리고 있을 것이 분명했다. 그러니 더 늦기 전에 녀석을 돌려보내야 했다. 아쉬움과 슬픔을 달래며 녀석과 함께 우리가 처음 만났던 연못으로 향했다. 연못에 도착하자마자 주위에 먹이를 잔뜩 쌓아두고는 녀석을 조심스럽게 내려놓았다. 그리고 도망치듯 그곳을 빠져나왔다.

처음에 녀석은 꽤 놀란 것처럼 보였다. 목 놓아 울면서 트럭을 따라 몇 걸음 달려오기까지 했다. 하지만 내가 마지막으로 뒤돌아보았을 때, 녀석은 단념한 듯 자리를 잡고 앉아서 내가 두고 온 먹이를 먹고 있었다.

멋진 새를 떠나보낸 뒤에도 무심한 시간은 잘도 흘러갔다. 동료 짐과 함께 일을 하는 중에 멋진 새가 살고 있는 연못 근처를 몇 번 지난 적이 있었다. 친구들과 어울려 먹이를 먹고 있는 녀석은 참으로 행복해 보였다. 우리는 가끔씩 차에서 내려 녀석과 친구들에게 먹이를 주기도 했다. 날씨가 점점 추워져서 먹이가 부족할 것이 분명했기 때문이다. 멋진 새는 항상 우리를 알아봤다. 그리고 어디에 있든지 달려 나와서 우리를 반갑게 맞아주었다.

그날도 짐과 나는 그 연못을 지나고 있었다. 하지만 뭔가 이상했다. 멋진 새가 눈에 띄지 않았던 것이다. 걱정이 된 나머지 짐에게 부탁해 차를 세웠다. 그리고 서둘러 차에서 내렸다.

우리를 알아본 녀석의 친구들이 여기저기서 모여들었다. 하지만 멋진 새의 흔적은 어디에도 없었다. 놀란 가슴을 진정시키며 물속으로 몇 걸음 걸어 들어가 녀석의 이름을 큰 소리로 불렀다. 하지만 아무런 대답이 없었다.

그때였다. 갑자기 저 멀리에서 낯익은 녀석의 울음소리가 들려왔다. 나는 연못 주변을 꼼꼼히 살펴봤다. 저 건너 연못가 수풀 사이로 녀석의 머리가 언뜻언뜻 보였다. 나는 서둘러 녀석에게 다가갔다. 가까워질수록 극도로 흥분한 나머지 울부짖으며 앞뒤로 겅중겅중 뛰어다니는 녀석의 모습이 분명하게 보였다. 뭔가 크게 잘못된 것이 틀림없었다.

나는 찔레 덤불을 헤치며 걸음을 서둘렀다. 그리고 결국 녀석이 있는 곳에 도착했다. 놀랍게도 가시덤불 사이에는 나를 보고 겁에 질렸음에도 제대로 움직일 수 없을 만큼 지친 갈매기 한 마리가 누워 있었다. 그리고 갈색과 흰색의 깃털을 가진 커다란 멋진 새 한 마리가 옆에 바짝 붙어선 채로 그 갈매기를 지키고 있었다. 갈매기를 안아 올리려 허리를 굽히자 처참하게 마른 가여운 몸이 한눈에 들어왔다. 오랫동안 아무것도 먹지 못했음이 분명했다. 갈매기를 품에 안고 타고 온 트럭을 향해 내달리는 동안, 나의 멋진 새가 조금은 못미더운 눈빛을 하고 내 뒤를 따랐다. 녀석은 친구를 걱정하고 있었다.

서둘러 본부로 향하는 차 안에서 응급처치를 끝내고 이 아픈 새의 가녀린 몸을 따뜻한 수건으로 감싸 안은 채 나는 생각에 잠겼다. 과연 이 모든 것이 가능한 일일까? 아니, 그럴 리 없었다. 그저 우연일 것이었다. 멋진 새가 아픈 갈매기를 구하기 위해 목 놓아 울면서 우리를 불렀다는 것은 절대 있을 수 없는 일이었다. 하지만 만약에 그것이 사실이라면? 녀석이 정말 아픈 갈매기를 돌보려고 곁에 머물렀고 그 친구를 돕기 위해 우리를 애타게 부른 것이라면? 수많은 질문들이 내 머릿속에서 맴돌았다.

본부에 도착하자마자 따뜻한 등불로 갈매기의 차가워진 몸을 녹였고, 약해진 몸을 위해 우선 수액을 주사했다. 다음 날 우리는 연못을 다시 찾았다. 멋진 새는 다시 친구들과 어울려 즐겁게 먹이를 먹고 있었다. 제 소임을 다해낸 녀석이 정말 대견해 보였다.

애타는 노력에도 불구하고 그 갈매기는 우리 곁에 그리 오래 머물지 못했다. 너무나도 슬픈 일이었지만 마지막 숨을 내쉬는 녀석의 모습은 참으로 평화롭고도 편안해 보였다. 녀석은 알고 있는 것 같았다. 자신이 결코 혼자가 아니라는 사실을 말이다. 우리들과 덩치 큰 '멋진 새' 한 마리가 곁에 있었다는 사실을 말이다.

—버지니아 프라티

소중한 추억을
간직한 자연

내 의자 옆에 바짝 붙어 앉아 있던 딸아이가 깊은 한숨을 내쉬더니
아이들 특유의 시적인 논리로 이렇게 말했다.
"여기는 내가 항상 생각하기를 좋아하던 바로 그곳을 떠올리게 해."
— 바바라 킹솔버

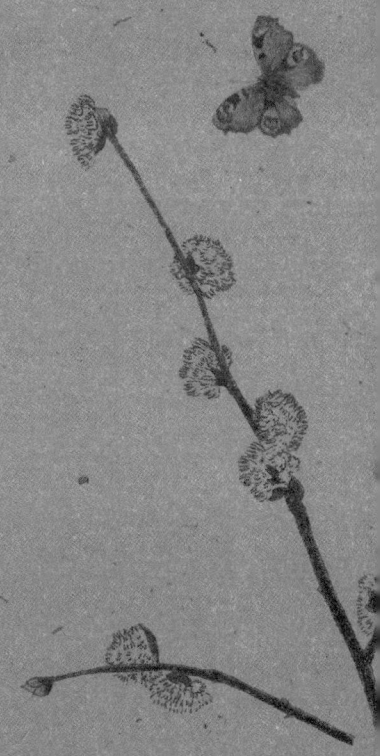

강에서의 세례식

언젠가 어리석은 일을 저지르게 될지라도, 다만 열정을 다하라.
콜레트

내가 열세 살이던 여름에 휴가를 맞은 우리 가족은 노스캐롤라이나 산악지대에 있는 친척집을 방문했다. 우리가 도착하자마자, 내 또래인 사촌 짐이 평소 즐겨 수영하는 장소로 나를 이끌었다. 그곳은 강바닥이 움푹 패어 만들어진 제법 깊은 웅덩이로 늘어진 나뭇가지가 근사한 지붕까지 만들어주고 있었다. 우리는 우리 키의 다섯 배는 됨직한 절벽 위에서 햇빛에 반짝이는 강물을 한참 동안 내려다보다가 고운 모래로 덮인 물가로 내려왔다.

우리가 서 있던 절벽 한쪽에는 바위 틈새로 단단히 뿌리를 내린 커다란 떡갈나무 한 그루가 서 있었다. 이 나무에서 뻗어 나온 큰 가지는 아이들이 매달려 타고 놀기에 딱 좋을 만큼 구부러졌는데 짐이 수영하는 강물 위로 늘어져 있었다.

짐이 내게 말했다.

"여길 봐. 어떻게 하는 건지 가르쳐줄게. 이쯤에서 달려가기 시작해. 그리고 뛰어올라서 나뭇가지를 단단히 잡는 거야. 그 다음엔 매달린 채로 그네 타는 것처럼 이리저리 나뭇가지를 흔들다가 최대한 높이 올라갔을 때 가지 잡은 손을 놓고 강물 속으로 떨어지면 되는 거야. 그럼, 내가 한번 보여줄게."

짐은 이 모든 과정을 멋들어지게 해냈다. 그리고 거품이 하얗게 일어난 수면 위로 고개를 내밀며 내게 외쳤다.

"자, 이제 네 차례야!"

내가 짐처럼 하다가는 물에 빠져 죽을 것이 분명했다. 하지만 평생을 겁쟁이로 사느니 열세 살에 죽는 것이 훨씬 나을 것 같았다. 내가 이렇게 망설이는 동안, 짐은 만족스러운 미소를 지으며 물 밖으로 헤엄쳐 나와서는 뜨거운 모래 위에 잠시 누워 있다가 다시 물속으로 들어갔다. 한번 더 시도하기 위해서였다.

짐과 그의 친구들은 항상 노스캐롤라이나의 전통 차림으로 수영을 했다. 사실 이들은 발가벗고 수영을 했는데 이것이 바로 산악지역에 전해 내려오는 유서 깊은 전통이었던 것이다. 그들과 함께 있으면 내가 마치 물살을 가르며 헤엄치는 비버나 원시인이 된 것처럼 느껴졌다. 허공에 몸을 날려 물속 깊이 잠수할 때면 짐은 언제나 자신이 수달같이 느껴진다고 했다.

짐의 가족은 모두 침례교도였다. 일요일이 되자 짐의 엄마, 그러니까 나의 이모는 우리 모두에게 정장을 입혀서 교회로 데리고 갔다.

"너도 꼭 세례를 받아야 한다!"

목사님이 천둥 같은 목소리로 내게 말했다.

물속에 몸을 담그는 침례교 세례식은 언제 봐도 참으로 근사했다. 나는 얼른 강에 가고 싶어 몸이 근질근질해졌다. 목사님의 설교가 얼른 끝나서 짐과 함께 강으로 난 지름길을 따라 달릴 순간이 오기만을 손꼽아 기다렸다.

기도가 끝나기가 무섭게 짐과 나는 교회를 빠져나왔다. 그리고 햇살이 반짝이는 길을 달려 집으로 가서 샌드위치를 집어 들고는 우거진 숲 사이로 난 오솔길로 내달렸다. 굵은 나뭇가지마다 붙어서 목청껏 울어대는 매미들이 우리를 반겨주었다.

나무 그네를 100미터쯤 남겨두고, 짐이 내게 말했다.

"우리 경주하자!"

"좋아!"

나도 달리기라면 자신 있는 터였다.

우리는 그 자리에다 옷을 몽땅 벗어놓고 동시에 출발했다. 나는 아주 빨리 달렸다. 하지만 짐이 나보다 훨씬 더 빨랐다. 나를 가볍게 앞지른 짐은 나뭇가지를 붙잡기 위해 몸을 날렸다. 그리고 승리의 탄성과 함께 나뭇가지를 이리저리 흔들어 이내 가장 높은 곳에 도달한 순간, 짐은 정말 완벽한 자세로 나뭇가지에서 손을 떼고는 착륙할 지점을 내려다봤다.

하지만 그곳에는 목사님과 스무 명 가량의 신실한 신도들이 세례식을 위해 모여 있었다. 그리고 모두들 짐을 바라보며 놀란 입을 다

물지 못했다.

하늘을 날고 싶다는 간절한 기도 때문이었을까. 짐은 그날 정말 하늘을 날았다. 아주 잠시 동안이었지만 말이다. 그리고 순식간에 하늘에서 물을 향해 곤두박질쳤다. 이번에는 전처럼 우아한 자세가 아니고 몸을 동그랗게 만 모습이었는데 높이 뛰어오른 만큼 떨어지는 충격 또한 어마어마하리라는 사실을 본능적으로 알았던 것 같다.

그날 그곳에 모였던 모든 사람이 세례를 받았지만 짐은 세례식을 보지 못했다. 자신의 잠수 기록을 갱신한 뒤에 날아가듯이 그 자리를 빠져나간 것이었다. 물가에 모여 있던 사람들은 너무나도 놀란 나머지 차마 아무 말도 하지 못했다.

나중에 나는 걱정에 싸인 짐을 애써 위로했다.

"짐, 걱정하지 마. 그게 너였다는 거, 아무도 모를 거야. 모두 네가 천사였다고 생각할 거야. 게다가, 이제까지 아무 일도 없었는걸 뭐. 너는 잠수 기록을 세웠고 사람들에게 잊지 못할 세례식을 선물했어. 그러니까 한마디로 참 근사한 일을 해낸 거지. 안 그래?"

지금 와서 생각해보면, 벌거벗고 뛰어노는 소년과 천사는 참으로 많이 닮은 것 같다. 나무 그네가 있던 강과 천국도 물론 그렇고 말이다.

—가스 질크리스트

뛰어라 숭어야

> 자연이 그러하듯, 말 속에도 영혼이 깃들어 있다.
> **알프레드 테니슨**

로드아일랜드의 항구도시 프로비덴스에서 플로리다로 이사를 하고 전학 온 학교에서 새로운 친구들을 처음 만난 날 서럽게 울면서 집으로 돌아왔을 때, 나는 겨우 일곱 살이었다.

무슨 일이 있었는지 걱정스럽게 묻는 엄마에게 나는 북받쳐 오르는 울음을 겨우 참으면서 말했다.

"선생님이 나를 숭어 조에 넣으려고 했어. 삼치, 도미, 전갱이같이 근사한 이름도 많은데 대체 숭어가 뭐야. 나는 숭어 싫단 말이야."

그러고는 또다시 흐느껴 울기 시작했다.

사실 그때 나는 숭어가 어떠한지 정확히 알지 못했다. 단지 물고기 종류일 것이라고 어렴풋이 짐작할 따름이었다. 하지만 숭어라는 말의 어감이 왠지 싫었고, 누군가 우리 조를 부를 때마다 그 소리를 들게 된다고 생각하면 온몸에 소름이 돋을 지경이었다(숭어는 영어로 mullet이며 '멀럿' 으로 발음된다). 그동안 죽 북부에서 살다가 이제 막 남부로 이사 온 어머니는 북부에서 나는 대구에 대해서는 해박했지만 남부에서 나는 숭어에 대해서는 전혀 몰랐기 때문에, 어떤 말로 상심한 아들을 달래야 할지 도무지 알 수가 없었다.

어머니는 이곳에서 나고 자란 새 아버지에게 도움을 청했다. 어쨌든, 우리가 이곳으로 이사 온 것은 새 아버지 때문이었으니 말이다.

"숭어!"

어머니에게 자초지종을 들은 새 아버지가 큰 소리로 외쳤다.

"음, 그게 뭔지 알려면 수면을 스치면서 질주하는 모습을 직접 보는 게 최고란다."

내 표정이 영 못 미더워 보였는지, 아버지가 말을 이었다.

"그럼, 한번 가서 볼까? 우리 둘이서만 말이다."

우리는 겨자색으로 새로 칠한 자동차를 타고 도심을 빠져나가 모래와 조개껍질로 덮인 길을 달려서는 수심이 깊지 않은 만(灣)의 끝자락에 자리한 자그마한 해변에 도착했다. 수면 위에서 반사된 늦은 오후의 태양은 분홍색으로 또한 오렌지색으로 그 모습을 바꿔가며 반짝였다. 그리고 어디선가 참으로 이상한 냄새가 나는 바람이 불어왔는데, 어머니의 삼나무 장롱 냄새 같기도 했고 오래된 부활절 달걀 냄새 같기도 했다. 물가로 가 쪼그리고 앉은 새 아버지가 나를 보며 이리 와 곁에 앉으라고 손짓했다.

아버지는 무슨 비밀 얘기라도 하듯 작은 목소리로 내게 말씀하셨다.

"가끔씩은 녀석들에게 용기를 불어넣어주어야 한단다. 왜냐하면 보기보다 수줍음이 좀 많거든."

그러고는 치어리더가 응원할 때처럼 두 손을 동그랗게 입가에 대고는 큰 소리로 외치셨다.

"뛰어라 숭어야, 높이 높이 뛰어라!"

순식간에 뭔지 모를 것들이 물속에서 펄떡이며 뛰어오르는 바람에 나도 그만 따라서 뛰어오를 뻔했다. 손 내밀면 닿을 듯한 그곳에서 통통하게 살 오른 들창코 물고기들이 물속에서 공중으로 힘차게 솟아올랐다가, 이내 철썩하는 소리를 내며 다시 물속으로 뛰어들고 있었다.

깜짝 놀라 커다래진 두 눈으로 나는 어느새 새 아버지를 따라하기 시작했다. 우리는 한 목소리로 계속해서 외쳤다.

"뛰어라 숭어야, 높이 높이 뛰어라!"

우리는 시간 가는 줄 모르고 숭어가 뛰어오르는 모습을 바라봤다. 하지만 한 시간쯤 지나자 뉘엿뉘엿 해가 지기 시작했고, 우리는 아쉬움을 뒤로한 채 집으로 발걸음을 돌려야 했다.

이 멋진 얘기를 얼른 어머니에게 들려드리고 싶은 내게, 돌아가는 길은 참으로 멀기만 했다. 어머니도 곡예사처럼 재주를 넘는 물고기를 본 적은 없을 것이었다. 더구나 이 물고기들을 물 밖으로 불러내는 주문을 아는 사람은 아마도 새 아버지와 나, 이렇게 둘 밖에 없을 터였다. 다음 날 아침 나는 일어나자마자 서둘러 등교 준비를 했다.

얼른 숭어 조 친구들을 만나 같은 조가 되어 기쁘다고 얘기하고 싶었던 것이다. 선생님이 나를 삼치나 전갱이 조에 넣기 전에 말이다.

그리고 어느덧 반세기가 흘렀지만 그 아름다웠던 오후 한때는 아직도 내 기억 속에 생생하게 남아 있다. 나는 지금 어린 시절 내가 살던 곳 근처에서 살고 있다. 집 뒤로 바닷물이 흐르는 만이 있는데 바다를 거슬러 오르는 숭어 떼가 해마다 몇 달에 걸쳐 그 길을 지난다.

고요한 밤이면 가끔씩 나는 시간도 잊은 채 물살을 헤쳐 나가는 숭어 떼의 퍼덕이는 소리에 잠을 깬다. 그리고 그 옛날 새 아버지가 내게 가르쳐주었던 주문을 외운다. 물론 주문을 외우든지 말든지 숭어들은 뛰어오르기 마련이라는 사실을 벌써 오래전에 알아버렸지만 말이다.

나는 오늘도 숭어 떼를 향해 속삭인다.
"뛰어라 숭어야, 높이 높이 뛰어라."

—린다 바로우

타냐의 분홍 날개 연

**아, 하지만 인간의 능력이란 자신의 한계를 뛰어넘는 것임을.
그렇지 않다면 저 하늘이 무엇을 위해 존재한단 말인가?**
로버트 브라우닝

　그 봄날을 생각하면, 기억 속에 잠들어 있던 모든 것이 생생하게 되살아난다. 언 눈이 녹고 꽃과 나무가 움트기 시작하고 겨울의 찬 바람이 포근한 산들바람에게 자리를 내준다. 한 치의 어긋남도 없이 앞으로 나아가는 우리네 인생살이와도 같이 말이다. 그러면 이내 연 날리기에 안성맞춤인 계절, 봄이 온다.
　우리가 아이였던 어느 봄날에 비행기의 원리를 궁금해 하던 내 누이 타냐는 용돈을 모아 연을 샀다. 그때 열 살도 채 되지 않았던 동생은 혼자 힘으로 연을 만들어두고는 연을 띄우기에 가장 좋은 날씨가 오기를 기다렸다.
　며칠 동안 하늘을 덮었던 회색 비구름이 지평선 너머로 사라지고 파란 하늘이 모습을 드러냈다. 구름 속에 숨어 있던 따사로운 태양이 비에 젖은 대지를 뽀송뽀송하게 만들어주었고 남쪽에서는 미풍이 불어왔다. 드디어 때가 온 것이었다.

타냐는 끈이란 끈은 모두 찾아 모은 뒤에 자신의 자랑스러운 분홍 날개 연을 들고 길로 나섰다. 그러고는 바람에 연을 실어 보냈다. 연이 나무 꼭대기 사이를 잘 빠져나가고 전깃줄이나 전봇대와 같이 위험한 것에 걸리지 않도록 실을 밀고 당겨 잘 조절하면서 말이다. 동생의 분홍 연은 내가 전에 봤던 어떤 연보다도 더 높이 날아올랐다. 바람을 탄 연이 제 스스로 하늘에 떠 있게 되자, 동생은 뿌듯한 표정으로 자신의 분홍 연을 바라보았다. 그러고는 실을 살짝 당기기도 하고 살짝 놓아주기도 하면서 가고 싶은 방향으로 날아가게 했다.

동생이 연을 날리는 동안 나는 주변을 서성이기만 했다. 그때 10대에 접어든 나는 그런 유치한 놀이를 하기에 너무 나이가 들었다고 생각했던 것이다. 타냐가 첫 번째 실타래를 다 풀어 쓰고 그 끝에 다음 실타래를 연결하느라 쩔쩔매는 모습을 보자 달려가 돕고 싶은 마음이 간절했지만 그렇게 하지는 못했다. 동생이 세 번째 실타래를 무사히 연결할 때까지 나는 괜히 꾸물거리면서 근처를 떠나지 않았다.

연은 계속해서 하늘로, 하늘로 올라가고 있었다. 동생이 네 번째 실타래를 연결할 때쯤 되자 동네 아이들이 모여들어 구경하기 시작했다. 어떤 아이들은 동생에게 실뭉당이를 가져다주기도 했다. 아무튼 모두들 타냐의 놀라운 솜씨에 찬사를 보내고 있었다.

웅성거리는 소리에 무슨 일인가 하고 밖으로 나온 엄마는 이제는 점처럼 작아진 연을 보시고는 타냐에게 그만하고 들어가서 숙제하는 것이 좋겠다고 말씀하셨다. 그리고 엄마는 나를 한쪽으로 불러서 조용히 얘기하셨다. 조금 있으면 너무 팽팽해진 줄이 끊어져버릴 테고 그러면 타냐의 마음도 끊어질 듯 아플 테니 이쯤에서 멈추는 것이 좋겠다고 말이다. 하지만 얼마나 높이 날 수 있을지 시험해보기로 결심한 우리 꼬마 조종사에게 엄마의 경고는 아무런 소용이 없었다. 타냐에게는 연을 되찾는 것보다 하늘의 끝이 어디인지 시험해보는 일이 훨씬 더 중요했다.

그날 얼마나 많은 실을 썼는지는 잘 모르지만 연이 더 이상 보이지 않는 곳까지 날아간 것만은 분명하다. 어떤 아이가 자전거를 타고서 북쪽으로 있는 힘껏 페달을 밟았지만 아주 작은 점 하나를 본 것이 고작이었다. 돌아온 그 아이는 타냐의 연이 북쪽 길을 지나 잔디가 잘 입혀진 묘지와 성당, 그리고 먼저 떠나간 이들을 지키는 기러기가 살고 있는 거북이 연못 위를 맴돌았다고 전했다.

주위가 점점 어두워지기 시작하자 지켜보던 아이들이 저녁을 먹거나 텔레비전을 보거나 잠자리에 들기 위해 하나둘씩 집으로 돌아갔다. 하지만 타냐가 분홍 연을 내려 집으로 가져온 것은 그리고도 한참이 지나서였다. 물론 집으로 가져온 연은 상처 하나 없이 깨끗했다.

도대체 어떻게 그런 일이 가능했는지 지금 생각해도 모르겠다. 보통 연은 하늘에서 그렇게 오래 견디지 못한다. 대부분은 어디론가 날아가버리기 마련이고 그렇지 않더라도 망가져서 더 이상 날 수 없게 되는 것이 보통이다. 물론 어떤 연은 줄을 끊고 날아올라 자유롭게 바람을 타고 떠다니기도 한다. 그리고 자신이 원하는 시간과 장소에서 긴 여행을 마치고 다시는 볼 수 없는 먼 곳을 향해 떠나가는 것이다.

그렇게 시간이 흘러갔다. 이제 우리들에게 봄은 타냐가 새 연을 날리는 계절을 의미했다. 산들바람이 부는 햇살 따스한 봄날은 타냐가 실타래를 들고서 분홍 날개 연이 춤을 추는 파란 하늘을 하염없이 바라보기에 꼭 알맞았다.

하지만 아무리 밖에서 노는 것을 좋아하는 꼬마 숙녀도 어른이 되기 마련이다. 타냐도 물론 그랬다. 하지만 어른이 된 동생은 바쁜 생활 속에서도 카누를 타고 캠핑을 즐기며 연을 날리는 여행을 멈추지 않았고, 어렵게 시간을 내어 산속 호숫가에 자리 잡은 고향집을 찾는 것을 더없이 소중하게 생각했다.

아빠와 함께 작은 배를 타고 나가면 동생은 뱃머리에 몸을 기댄 채 눈을 감고 두 팔을 벌려 가슴 가득히 바람을 담았다. 엄마와 함께 호숫가에서 기러기에게 먹이를 줄 때면 타냐는 기러기들이 아득히 사라져가는 구름 너머를 한참 동안 하염없이 바라보곤 했다.

동생은 가끔 계곡 사이에 자연이 만들어놓은 멋진 돌다리까지 함께 걸어가자고 나를 졸랐다. 그러면 나는 동생과 함께 몇 시간 동안 쉬지 않고 걸어서 바위를 건너고 골짜기를 지났다. 그러다가 폭포를 만나면 잠시 멈춰 서서 맹렬한 기세로 쏟아져 내리는 물줄기를 바라보며 땀을 식히기도 했다. 동생은 언제나 물줄기를 토해내는 절벽 앞에서 몸을 기대고는 고개를 들어 눈부신 태양을 바라봤다. 이런 동생을 보면서 나는 생각했다. 이 세상에 내가 동생을 위해서 해줄 수 있는 일이 있다면 그것은 튼튼한 두 날개를 달아주는 것뿐이라고 말이다.

하지만 모든 계절이 그렇듯이 봄날도 가기 마련이다. 타냐가 스물여덟 살 되던 어느 추운 겨울 밤, 동생의 차가 빙판길에서 미끄러졌다.

끝없이 다음 실타래를 이어가던 분홍 날개 연의 줄이 바로 그날 끊어져버렸다. 그리고 나는 내 여동생을 잃었다. 자연과 동물과 사람들을 사랑한 너무나도 아름다운 여인이, 연 끈을 이어가는 일을 결코 두려워한 적이 없었던 작은 꼬마 아이가 영원히 하늘을 향해 날아가버리고 말았다.

동생의 장례식에는 수백 명의 사람들이 함께해주었다. 동생을 만나고 사랑할 수 있어 행복했던 이들이 한자리에 모여 타냐의 짧지만 반짝이던 삶을 기렸다. 그날 타냐가 처음으로 분홍 날개 연을 날리기로 결심했던 그 따스한 봄날에 대한 얘기는 하지 않았던 것 같다. 그 일 말고도 돌아보면 가슴 찡한 추억이 너무나도 많았던 것이다.

그 자리에 함께했던 우리들은 알고 있었다. 이제 타냐와 세상을 연결해주는 것은 오직 우리들 마음속에 남은 소중한 추억뿐이라는 사실을 말이다. 우리가 저마다 추억을 소중히 간직해야 타냐가 저 하늘의 별들을 향해 훨훨 날아갈 수 있다는 사실을 말이다.

타냐는 분홍 날개 연이 날아갔던 북쪽 길 너머, 잔디가 예쁜 묘지에 묻혔다. 성당과 먼저 떠나간 이들을 지켜주는 기러기들이 사는 개구리 연못에서 멀지 않은 바로 그곳에서, 오늘도 타냐는 멀리멀리 날아간 분홍 연을 품은 파란 하늘을 하염없이 바라보고 있을 것이다.

—스티븐 게이

아빠의 정원

오늘 피어난 작은 꽃 한 송이에는
오직 이 순간을 위해 오랜 세월 흘린 땀방울이 배어 있다.
윌리엄 블레이크

어릴 적에는 아빠가 단풍나무 낙엽을 긁어모아 큰 더미로 쌓아두는 것이 우리들 때문이라고 생각했었다. 그 푹신한 낙엽 더미는 아이들이 뛰어놀기에 더할 나위 없이 좋았던 것이다. 하지만 어른이 된 지금에는 아빠가 뒷마당으로 낙엽을 실어 나르던 외바퀴 손수레야말로 우리들을 언제나 다시 집으로 이끈 요술마차가 아니었나 하는 생각이 든다. 마당 한쪽에 자리한 아빠의 정원은 오랜 세월 당신의 은신처였다. 또한 아빠와 내 영혼을 하나로 이어주는 소중한 곳이기도 했다.

아빠의 정원은 언제나 놀라운 것들로 가득했다. 작은 돌로 만든 오솔길은 황금 물고기가 사는 연못으로, 그리고 또다시 늘푸른나무로 만들어진 작은 방과 그 안의 돌 의자로 우리들을 이끌었다. 새들이 미역 감는 수반은 다른 이들이 생각지도 못할 곳에 만들어져 있었고, 정원 가득히 재잘거리는 물소리를 선물하는 아담한 분수대 또한 잔디밭의 중심을 약간 벗어난 둔덕에 세워져 있었다. 정원을 돌볼 때면 아빠의 손길에 담긴 사랑과 정성이 모든 식물에게 전해졌고, 식물들은 쑥쑥 자라나는 짙푸른 잎들과 고운 빛깔 꽃들로 아빠에게 보답했다.

어른이 되고 결혼을 한 뒤에도 나는 수많은 일요일을 아빠와 함께 정원에서 보냈다. 아빠의 그 무조건적인 사랑 속에서 가지치기를 했고 잡초를 뽑았고 거름을 주었고 웃음을 터뜨렸고 햇볕을 쬐었다. 해가 갈수록 나는 더욱 부지런히 움직였지만, 아빠는 그렇지 못했다.

아빠의 영혼은 여전히 강인했지만 80년 동안 사용해 이제는 쇠약해진 육신으로는 정원을 돌보는 일이 힘에 부쳤다. 아빠는 결국 정원이 딸린 그 집을 팔고 노인들이 모여 사는 마을로 이사하셨다.

새로 이사 올 사람이 정원을 갈아엎기 전에 아빠는 내게 정원에 있는 모든 것들을 조금씩 나눠주셨다. 장미, 여러 종류의 다년초, 모란, 작약, 그리고 오솔길에 놓여 있던 작은 조약돌까지도 말이다. 우리는 이 모든 것을 아버지의 정원과 꼭 닮은 내 작은 정원으로 옮겨왔다. 물론 새들이 미역 감는 수반과 작은 분수와 돌 의자도 잊지 않고 가져왔다.

지팡이를 짚고서 우리의 정원을 천천히 산책하는 아빠를 보고 있노라면, 이 순간 내딛는 한걸음 한걸음이 얼마나 소중한지, 아빠의 정원에서 옮겨온 한줌의 흙이 얼마나 큰 선물인지, 그리고 아빠의 손길 아래 꽃을 피운 장미 한 송이가 얼마나 큰 축복인지 새삼 깨닫곤 했다.

나는 새로운 보금자리를 꾸민 아빠를 정성껏 살펴드렸다. 언젠가 아빠가 온 정성을 기울여 꽃들을 돌봤듯이 말이다. 날마다 나는 아빠와 모닝커피를 마셨고 오후엔 함께 쇼핑을 했다. 약을 챙겨드렸고 가끔씩은 피아노 콘서트에 모시고 갔다. 봄이면 다른 사람들 정원에 핀 꽃들을 구경하러 교외로 드라이브 가거나 우리 집에 들러 아빠의 분수대에 모여든 새들을 바라보기도 했다.

그렇게 2년이 지난 어느 날, 아빠는 내 손을 꼭 잡은 채 세상을 떠나셨다. 췌장암이었다. 하지만 나는 알고 있었다. 그 순간 아빠의 맑고 강인한 영혼이 슬픔에 잠긴 나를 어루만지고 있다는 사실을 말이다. 죽음도 우리 두 사람의 영혼을 떼어놓지는 못할 것이었다. 나는 집으로 돌아가 아빠와 함께 걷던 정원을 맨발로 걸었다. 그렇게 대지의 위안을 받고 싶었다.

몇 년이 흐른 지금도 아빠 정원의 자식과 다름없는 내 정원을 걸을 때면 문득문득 아빠가 곁에 있음을 느낀다. 수반에서 미역 감는 작은 새를 볼 때면 미소 짓던 아빠의 모습이 눈에 선하고, 장미 덤불 사이로 난 잡초를 뽑으며 배꼽이 빠지게 웃던 웃음소리도 귓가에 울려 퍼진다. 나는 마음속 깊은 곳에 아빠를 담았다. 그리고 꽃이 필 때면 언제나 아빠가 내 곁에 있다는 사실에 가슴이 먹먹해지곤 한다.

―린다 슈왈츠 바커

세상을 보여주는 큰 나무

> 지혜는 그냥 얻을 수 있는 것이 아니다.
> 스스로의 힘으로 애써 찾아내야만 한다.
> **마르셀 프루스트**

여덟 살짜리 아이였을 때, 나는 그만 나무와 사랑에 빠지고 말았다. 도시에서 살다가 시골로 이사 온 날 아버지와 함께 집 주변을 둘러보다가 커다란 원뿔 모양 천막집을 닮은 향나무와 춤추는 듯 흔들리는 솔송나무, 하늘 높이 솟은 전나무에게 온통 마음을 빼앗기고 만 것이다.

뒷동산에는 700년이나 된 미송이 자라고 있었다. 나이가 많은 만큼 크기 또한 엄청났는데 나무 밑동이 아버지가 양팔을 완전히 벌린 것보다도 훨씬 더 굵었다. 아버지는 그 나무가 주변에서 제일 큰 나무라고 확신하셨다. 나무껍질에 팬 주름은 이 숲 어딘가에 숨어 있을 계곡처럼 깊고 깊었다.

아버지는 모험을 좋아하는 분이었다. 게다가 오래전부터 나무를 무척이나 좋아했다. 그래서 어느 날 당신이 직접 이 큰 나무에 오르겠다고 하셨을 때 우리는 아무도 놀라지 않았다. 하지만 우리 집에 있던 제일 긴 사다리를 기대놓고 올라서서 있는 대로 팔을 뻗어 보아도 나무의 제일 낮은 가지에도 손이 닿지 않았다. 그러니 더 이상 나무에 오르는 것은 불가능한 일이었다.

어머니는 안도의 한숨을 내쉬며 말했다.

"하느님 감사합니다."

사다리를 타고 내려오던 아버지가 내게 눈을 찡끗해 보이며 말했다.

"너라면 틀림없이 머지않아 저 위에 올라갈 방법을 찾아낼 수 있을 게다."

나는 아버지를 바라봤다. 그리고 아버지 뒤로 보이는 커다란 나무를 한참 동안 쳐다봤다. 파란 하늘에 우뚝 솟아 있는 그것은 한낱 나무가 아니었다. 주변을 감도는 신비한 분위기 속에서 나는 확신할 수 있었다. 언제 어떤 방법이 될지는 몰라도 언젠가 저 위에 오르리라는 것을 말이다.

"저 위에서는 더 넓은 세상을 볼 수 있단다."

집으로 돌아가는 길에 아버지가 내게 말했다. 그리고 나무에 오르던 그 커다란 손으로 내 작은 손을 꼭 잡았다. 그날 나는 오랫동안 아버지의 손을 놓지 않았다.

나무에 오르자면 우선 힘부터 길러야 했다. 나는 아주 작은 나무에서 연습을 시작했다. 그리고 조금씩 더 큰 나무에 오르기를 반복했다. 드디어 우리 집 차고 옆에서 자라던 내 키보다 큰 솔송나무에 처음 오르던 날, 나무 위에 선 나는 그만 깜짝 놀라고 말았다. 그곳에서 내려다본 세상이 참으로 낯설었던 것이다. 작아진 우리 집이 한눈에 들어왔고 한참을 걸어가야 볼 수 있던 오솔길도 보였다. 이제껏 보아 왔던 것보다 훨씬 더 넓은 세상이 눈앞에 펼쳐져 있었다.

그날, 아버지가 내게 말했다.

"더 높이 올라가면 더 많은 것을 보게 될 게다. 더 많은 것을 보게 되면 그만큼 더 현명한 사람이 될 수 있단다."

하지만 어머니는 역정을 내셨다.

"자꾸만 그렇게 거들지 말아요. 지금도 나무에 오르는 걸 보고 있으면 아이가 아니라 다람쥐 같은데, 더 올라가다가 떨어지기라도 하면 어째요."

"이 녀석은 절대로 떨어지지 않을 테니 걱정 붙들어 매요. 나를 닮아서 나무 타는 재주는 타고 났으니 말이오."

아버지는 나무를 타는 가치를 잘 알고 계셨다. 아버지는 내가 나무에 오르면서 어린 시절에만 맛볼 수 있는 즐거움과 자유를 만끽하고, 더 나아가 새로운 시각으로 세상을 바라볼 수 있기를 바라셨다.

열두 살이 되었을 때, 나는 드디어 서로 가깝게 밑둥에서 둘로 갈라진 나무줄기에 양쪽 발을 하나씩 지탱하고 내 키보다 두 배나 큰 삼나무 꼭대기에 오르는 데 성공했다. 정상에 서니, 온 동네 집들의 지붕을 모두 다 볼 수 있었다. 마당에서 가족과 함께 저녁을 먹는 내 친구 녀석도, 텃밭에서 손수 가꾼 콩을 따며 정겹게 얘기를 나누는 옆집 아저씨와 아주머니도, 집 앞 도로에서 월계수 울타리를 손질하는 뒷집 아저씨도, 그리고 그 옆을 지나가는 누런 강아지도 한눈에 다 보였다.

그곳에서는 나 자신이 마치 전능한 존재처럼 느껴졌다. 나는 모든 것을 다 볼 수 있었다. 그것도 한꺼번에 말이다. 사람들과 바람에 흔들리는 나무들의 아름다운 움직임과 그 나무 사이에 머무는 바람과 새들과 다람쥐와 하늘을 떠다니는 구름들까지 어느 것 하나 내 눈길을 피해가지 못했다.

열네 살이 되었을 때, 아버지가 갑자기 우리 곁을 떠나셨다. 심장마비였다. 그 뒤로 나는 더욱 자주 나무에 올랐다. 나무에 오를 때면 아버지를 느낄 수 있었기 때문이다. 나뭇가지 사이로 아버지의 강하고도 부드러운 향기가 배어나왔다.

하지만 나는 아직도 언젠가 아버지가 오르려고 했던 큰 나무에는 오르지 못했고 그것이 늘 내 마음 한쪽 구석을 무겁게 눌렀다. 아버지뿐 아니라 나 또한 오랫동안 간절히 바라온 일이었지만, 나무는 여전히 너무 커서 가장 낮은 가지에도 손이 닿지 않았다.

그렇게 몇 년이 흘렀다. 대학에 입학한 첫 해, 친구와 함께 간 등산에서 나는 밧줄 다루는 법을 배울 수 있었다. 그리고 문득 한 가지 생각이 떠올랐다. 집으로 돌아오자마자 나는 밧줄을 둘러메고 집 뒤 언덕으로 올라갔다. 꼭 해야 할 일이 있었던 것이다. 나는 밧줄 끝에다 작은 돌을 하나 매달고는 큰 나무의 제일 낮은 가지를 향해 던졌다. 그리고 다시 땅으로 떨어진 밧줄 끝을 큰 나무의 그루터기에다 단단히 고정했다. 밧줄을 한번 당겨서 안전한 것을 확인한 뒤에 팔로 밧줄을 당기고 발로는 나무 기둥을 밀면서 천천히 위로 올라가기 시작했다. 줄기의 거친 껍질 때문에 여기저기 상처가 생겨났지만 가슴이 쉴 새 없이 두근거렸다. 어느 정도 올라간 뒤에 나는 팔을 크게 벌렸다. 그리고 조심스럽게 손을 뻗어 낮은 가지를 붙잡고는 몸을 위로 끌어올렸다. 드디어 제일 낮은 가지에 올랐다. 그리고 한걸음씩 큰 나무를 오르기 시작했다.

강하면서도 부드러운 나뭇가지가 나를 맞아주었다.

"드디어 네가 왔구나."

나무가 내게 이렇게 속삭이는 것만 같았다.

내 눈앞에 펼쳐진 드넓은 세상 어딘가에서 아버지의 목소리가 들려왔다.

"더 높이 올라가면 더 많은 것을 보게 될 게다. 더 많은 것을 보게 되면 그만큼 더 현명한 사람이 될 수 있단다."

그곳에서 나는 골목길을 사이에 두고 늘어선 집들과 동네의 모든 거리와 강 건너 또 다른 마을을 보았다. 수많은 사람들과 자동차들, 그리고 살아 숨쉬는 수많은 생명을 보았다. 더 높은 가지 위로 올라가자, 더 넓어진 나의 시야는 언덕과 호수와 눈 덮인 산까지 담았다. 그 광활함 앞에서 나는 어느새 겸손한 한 인간으로 돌아가고 있었다.

드디어 나무 꼭대기에 도착한 순간 나는 놀라움에 숨을 쉴 수가 없었다. 서쪽으로는 육지 깊숙이 들어온 바다가 이제 막 떠오른 초저녁 달빛 아래 반짝이고 있었고 그 너머로 늘어선 산맥이 보였다. 그리고 더 멀리에서 우뚝 솟은 산이 그 모습을 드러내고 있었다. 아직 남아 있던 한 줄기 햇살이 사그라질 무렵, 어머니가 뒷문을 열고 마당을 향해 외쳤다.

"애야, 저녁 먹어라!"

"엄마, 저 여기 위에 있어요!"

엄마는 고개를 들어 이리저리 둘러보셨다. 학처럼 목을 뒤로 쭉 빼고서야 높은 나무 꼭대기에서 손을 흔들어 대고 있는 나를 발견하셨다. 그러고는 비명을 질렀다.

나는 엄마를 향해 큰 소리로 외쳤다.

"엄마 걱정 마세요. 여긴 아주 안전하니까요. 게다가 넓은 세상을 다 볼 수 있어요. 언젠가 아버지가 말씀하셨던 것처럼 말이에요!"

나무에서 내려온 나는 여느 때와 다를 것 없는 저녁 식사를 했다. 하지만 음식 하나하나가 얼마나 맛있고 감사하게 느껴졌는지 모른다. 이는 아마도 아버지 덕분이었을 것이다. 그날 나는 식탁에 둘러앉은 가족들 사이에서 아버지의 밝은 웃음소리를 들었다. 그리고 분명히 보았다. 기쁨에 넘치는 그 환한 미소를 말이다. 아버지는 아무도 모르게, 큰 나무 꼭대기에 올라 넓은 세상을 바라본 아들 손을 꼭 잡아주셨다. 그렇게 당신과 나의 오랜 소망을 이룬 아들을 대견해 하셨다.

—가스 질크리스트

여름이라 불리는 그곳

내 의자 옆에 바짝 붙어 앉아 있던 딸아이가 깊은 한숨을 내쉬더니
아이들 특유의 시적인 논리로 이렇게 말했다.
"여기는 내가 항상 생각하기를 좋아하던 바로 그곳을 떠올리게 해."
바바라 킹솔버

　예전에 읽었던 공상과학소설을 다시 읽던 중에 열두 살짜리 주인공의 대사가 내 눈길을 사로잡았다.
　"작은 새가 노래하고 나뭇잎이 새로 돋아나는 것보다 훨씬 중요한 소리가 들려요…드디어 여름이 시작되었군요…."
　밖에서 잔디 깎는 소리가 들려왔던 것이다. 주인공에게 잔디 깎는 소리는 곧 여름을 의미했다.
　나는 책을 내려놓고는 아주 오래전, 그러니까 열 살 무렵의 여름을 떠올렸다.
　어릴 적, 내게 여름은 곧 야구를 의미했다. 여름 아침이면 나는 누구보다도 일찍 일어나 부드러운 검은색 야구 장갑 안쪽에다 기름 몇 방울을 떨어뜨렸다. 그리고는 자전거 틀에다 매달아 놓은 금속 통에

야구방망이를 신고서 햇빛에 반짝이는 초록 들판을 향해 힘차게 페달을 밟았다. 그곳에서 혼자서 상대 팀을 납작하게 만들고, 베이스를 훔치고, 날아오는 공을 향해 몸을 던졌다. 하늘이 온통 쪽빛으로 물들어갈 때까지 말이다.

따스한 아침이면 낚싯바늘에 매단 벌레로 물고기를 유혹하면서 강둑에 기대앉아 책을 읽기도 했다.

해마다 8월이면 우리 가족은 새 아버지가 손수 지은 오두막에서 보름 남짓한 휴가를 즐기곤 했다. 내 누이와 어머니, 그리고 새 아버지와 함께했던 이 시간들이 아직도 내 기억 속에 유년의 가장 아름다운 여름으로 남아 있다. 그곳에서 태양은 언제나 계곡에서 떠올라 땅거미가 내려앉은 오두막 너머로 천천히 움직여서는 숲이 우거진 산등성이 너머로 졌다. 까만 하늘 가득히 반짝이는 별들을 남겨놓은 채로 말이다.

오두막 뒤쪽에는 그 끝이 어디로 향하는지 알 수 없는 시냇물이 흐르고 있었다. 나는 한쪽 어깨에 낚싯대를 메고서 물에 반쯤 잠긴 작은 바위들을 폴짝폴짝 뛰어넘어 시내를 건너곤 했다. 시내를 건너 좀 더 올라가면 내가 제일 좋아하던 곳에 닿을 수 있었다. 물길이 나뉘어 생겨난 제법 깊은 연못으로, 주변에는 둥근 돌이 빙 둘러져 있었다.

바로 그곳에 개구리들이 살고 있었다. 나뭇잎을 닮은 녹색을 띤 녀석도 있고 또 거의 까만 녀석들도 있었지만 모두들 어찌나 미끄러운지 잡았다 싶으면 어느새 손아귀를 쏙 빠져나가 버리곤 했다. 어쩌다

한 마리를 제대로 잡아도 이내 놓쳐버리곤 했다. 손 안에 잡힌 개구리가 화난 눈을 동그랗게 뜨고서 꼬물거리며 개굴개굴 울어대면 너무 간지러워 도저히 참을 수가 없었던 것이다. 때로는 개구리를 물 위에 살짝 올려놓고는 배처럼 앞으로 띄우기도 했다. 입으로 모터보트 소리를 내면서 말이다. 하지만 이내 녀석들을 모두 수풀 속으로 돌려보내고 또다시 냇가를 따라 정처 없는 여행을 떠났다. 그렇게, 서서히 모습을 드러내는 9월이 따라올 수 없는 곳으로 걸음을 서둘렀다.

그 시절 여름은 특별했다. 적어도 내게는 여름이 단순한 계절이 아니라 소중한 추억이 깃든 근사한 공간이었다.

나는 지금도 내 유년의 여름이라 부르는 그곳에서 자외선 걱정 않고 하루 종일 뛰어놀고, 좋아하는 여자아이를 몰래 쳐다보고, 수박으로 만든 콧수염을 붙이고서 엄마와 함께 배가 아프도록 웃고, 반짝이는 별들 아래서 어느 때보다도 곤한 잠을 잔다.

그 시절 여름날의 반짝이도록 행복한 순간들은 모두 자연 속에서 맞았던 것 같다.

어느 날 밤, 오두막 밖에 누워 별을 바라보고 있는데 산속의 차가운 공기를 가르며 별똥별이 떨어졌다. 그때 어머니가 내게 말씀하셨다.

"애야, 소원 한 가지를 빌어보렴."

물론 나는 그렇게 했다. 하지만 언제나 소원을 한 가지만 고르기란 여간 어려운 일이 아니었다.

이제와 생각해보면, 소망할 수 있는 모든 것은 이미 그곳에 있었다. 바로 내 곁에 말이다.

—더그 레니

아프리카의 한 언덕에 서서

위대한 자연이시여, 도와주소서.
당신 곁으로 가는 날까지 그 어떤 것도 나만의 잣대로 판단하지 않도록.
수 족 인디언의 기도

이제 막 사막을 빠져나온 존과 나는 드디어 케냐의 중부 고지대로 접어들었다. 우리는 계곡을 가로질러 서쪽으로 향했다. 고도가 높아질수록, 가시 돋친 아카시아도, 길을 뒤덮은 바위도 많아졌다. 험난한 길은 무성한 초목과 희뿌연 안개에 덮인 소나무 숲으로 이어져 있었다. 우리가 그곳에서 만난 것은 전통 의상을 입고 피를 마시는 투르카나족이 아니라, 셔츠와 바지를 즐겨 입고 콜라와 감자튀김을 좋아하는 난디족이었다.

사막 옆에서 근근이 살아가는 투르카나족의 사정은 아주 열악했다. 쉬려고 잠시 멈춰 설 때마다 어디선가 나타나서는 내게 도움을 청했다. 그들은 돈과 음식과 안경, 심지어 자전거까지 달라고 했다.

어느 마을에 들렀을 때, 나는 나병환자와 죽어가는 아이를 안고 있던 어머니, 학비가 필요한 10대 소년에게 가지고 있던 돈을 나눠줬다. 하지만 계속해서 몰려오는 모든 이들을 도울 수는 없는 노릇이었다. 허기에 지친 꼬마 아이 둘이 내게 다가왔지만 나는 이들을 돌려보냈다. 그러고는 씁쓸한 기분으로 마을을 떠났다. 가여운 아이들을 돕지 않은 내 자신이 한없이 부끄러웠다.

자전거를 타고 고산지대로 향하면서 나는 이 악몽 같은 순간이 어서 지나가기를 기도했다. 다행스럽게도 힘차게 페달을 밟는 동안 기분이 조금씩 나아졌다.

강과 시내가 마치 질 좋은 스테이크 고기 사이사이 스며든 하얀 지방처럼 아름다운 풍경 속에 녹아들어 있었다. 그 안에서 타는 자전거는 놀이공원의 롤러코스터 못지않았다. 골짜기가 시작되는 지점에서는 페달을 천천히 밟고, 믿을 수 없을 만큼 가파른 언덕에서는 슬금슬금 기어가며 있는 힘껏 브레이크를 잡아도 순식간에 나는 듯이 지나가 버렸다.

갑자기 비가 쏟아졌다. 한낮에 서쪽에서 슬금슬금 모여든 회색 구름이 드디어 굵직한 빗줄기를 쏟아내기 시작한 것이다. 더위에 녹은 초콜릿처럼 질척해진 진흙길에 자전거 바퀴와 브레이크에 엉겨 붙어 꼼짝도 하지 않았다. 더 이상 자전거를 타고 가는 것은 불가능했다. 우리는 자전거에서 내려 앞에서 끌고 뒤에서 밀며 언덕을 넘었다. 그렇게 열 시간을 길에서 보냈지만 움직인 거리는 고작 60킬로미터밖에 안 되었다.

도심에 가까워지자 우리는 다시 자전거에 올라 가슴이 터질 만큼 힘차게 페달을 밟기 시작했다.

그때 어린아이 셋이 우리를 따라오며 소리쳤다.

"한 푼만 주세요. 아저씨!"

지칠 대로 지쳐 있던 우리는 주머니에서 돈을 꺼낼 기운도 없었다. 게다가 나를 관광객이 아닌 자선사업가로 여기는 아이들의 모습도 이젠 성가시게만 느껴졌다. 나는 저리 비키라고 손사래를 몇 번 쳤다. 그러자 아이들은 어느새 덤불 속으로 미끄러지듯 사라져버렸다.

몇 분 뒤에, 또 다른 소년이 내 자전거 옆에 붙어 달리기 시작했다. 이제는 화가 날 지경이었다. 나는 소년을 무시한 채 페달을 더욱 힘껏 밟았다. 내가 자전거를 타는 내내 그는 달리고 또 달렸다. 가끔씩 나는 소년을 힐끗 쳐다보았다. 그러면 그는 나를 향해 밝은 미소를 지었다. 하지만 나는 결코 자전거를 멈추지 않았다. 그럴수록 페달을 밟는 다리에 힘을 더했다. 소년 또한 돈을 달라고 할 것이 뻔했기 때문이다. 그러면서도 내심으로는 어떻게 저렇게 쉬지 않고 달릴 수 있는지 놀라워하고 있었다.

페달을 있는 힘껏 밟았기 때문에 나는 존보다 앞서서 목적지에 도착했다. 곧 주변에 사람들이 모여들었다. 하지만 나는 말하고 싶은 기분이 전혀 아니었다. 비록 그들이 지금은 내 고단한 여정을 걱정하고 위로하고 있다고 해도, 돌아서면 슬픈 얼굴로 적선을 구할 것이 분명했다. 그 순간 시선이 그들의 더러운 맨발과 낡은 옷에 닿았다. 그리고 나도 모르는 사이에 내가 이들보다 나은 사람이라는 생각을 하고 있었다.

하지만 한 청년은 광택이 나는 붉은색 운동복을 입고 있었다. 나는 그에게 그렇게 근사한 옷을 어디서 구했느냐고 물었지만 그는 그저 어깨만 으쓱해 보일 뿐 아무 말도 하지 않았다.

그때 군중 속에서 누군가 이렇게 외쳤다.

"그 사람은 조셉 체베트예요. 보스턴 마라톤에서 두 번이나 우승한 유명한 달리기 선수라고요."

하지만 도무지 믿어지지 않았다. 어떻게 이렇게 작은 아프리카 마을에 그렇게 유명한 사람이 있을 수 있는가 말이다.

"저 사람은 호놀룰루 마라톤에서 우승했어요!"

군중 속의 그 사람이 다시 한번 외쳤다. 그가 가리키는 곳에는 허름한 청바지를 입은 또 다른 청년이 있었다.

"이 사람은 시카고 마라톤에서 1등 했어요!"

누군가 또 다른 젊은이를 가리키며 이렇게 소리쳤다.

이쯤 되자, 나는 그만 웃음을 터뜨리고 말았다. 더 이상 이들의 말을 한마디도 믿을 수가 없었다. 그제야 도착한 존이 힘겹게 자전거를 세웠다.

붉은색 운동복 차림의 청년을 대번에 알아본 그가 말했다.

"세상에 어떻게 이런 일이, 여기서 조셉 체베트를 만나다니. 보스턴 마라톤에서 두 번이나 우승한 유명한 선수를 말이야!"

마을 사람들이 가리켰던 또 다른 두 명의 청년은 프레드 키프롯과 모세스 킵타누이였다. 그리고 그들 역시 정말 마라톤에서 우승한 사람들이었다.

갑자기 나 자신이 부끄럽게 느껴졌다. 이들은 정말 지상에서 가장 빠른 장거리 주자들이었던 것이다.

나는 수줍음이 많고 부드러운 음성을 가진 조셉 체베트에게 다가가 물었다.

"어떻게 그렇게 훌륭한 선수가 될 수 있었나요?"

그가 빙그레 미소 지으며 대답했다.

"어릴 적부터 아프리카의 언덕들을 뛰어다녔지요. 언덕을 지나가는 자전거하고 경주를 벌이기도 했고요. 그게 얼마나 재미있다고요!"

숨 가쁘게 돌아가는 세상 속에서 살아남으려 애쓰는 동안, 나는 잠시 잊고 있었다. 많은 돈을 가지고 좋은 옷을 입는 것이 전부가 아니라는 사실을 말이다. 그것만으로 사람을 판단하고 평가하고 줄 세우는 것이 더없이 어리석고 치사하기 짝이 없는 짓이라는 사실을 말이다.

아프리카의 한 언덕에 서서야 나는 비로소 그것을 깨달았다.

—댄 뷰트너

숲에서 방금 딴 싱싱한 마시멜로

오늘을 불태워 내일을 밝혀라.
엘리자베스 바렛 브라우닝

　길가에 열매 맺은 달콤한 산딸기를 따는 일은 캠핑에서만 느낄 수 있는 귀한 선물이다. 해마다 여름이면, 남편 밥과 나는 아이들에게 들통 하나씩을 손에 쥐어준다. 그러면 다음 날엔 땀 흘린 만큼 맛있는 과일을 먹을 수 있게 된다. 라즈베리 팬케이크를 구워내거나, 단단한 블랙베리를 모닥불 속에 던져두었다가 땅콩버터 바른 샌드위치를 만들 때 넣기도 하는 것이다.

　아이들은 산딸기 따러 가는 날을 손꼽아 기다렸다. 산딸기를 따는 것은 언제든 가능했다. 이른 여름의 블루베리에서 8월의 라즈베리와 블랙베리에 이르기까지 많은 열매가 해마다 아이들을 기다렸다. 그해 여름만 빼고 말이다.

　늦은 여름밤에 꺼져가는 모닥불을 막대기로 쿡쿡 찔러보던 다섯 살 난 줄리가 투덜거렸다.
"이 근처엔 딸기가 하나도 없어!"
그해 여름은 너무 가물어서 그나마 몇 개 안되는 블루베리조차 너무 단단해서 먹을 수가 없는 지경이었다.
네 살 난 브라이언도 제 누나 말을 거들었다.
"맞아, 나도 구석구석 다 찾아봤는데 하나도 없었어. 거긴 꼭 있을 것 같았는데."
그날 밤, 나는 잠자리에 든 아이들이 모두 깊이 잠든 것을 확인하고서 남편에게 큰 마시멜로(녹말, 시럽, 설탕, 젤라틴 등으로 만든 과자)가 든 봉투를 건넸다. 그리고 나도 작은 마시멜로가 든 봉투를 집어 들었다.
내가 남편에게 속삭였다.
"손전등을 들고 나를 따라와요. 추억을 만들러 가는 거예요."
놀란 남편이 무슨 일인지 물었고, 나는 모닥불 앞에서 들었던 아이들의 대화를 얘기했다.
남편이 환한 미소를 지으며 말했다.
"어서 갑시다!"
다음 날 아침, 팬케이크를 건네며 내가 말했다.
"얘들아, 오늘은 좀 딸 게 있을 것 같은 예감이 드는데."
내 말을 들은 줄리의 눈이 반짝였다.
"정말요? 뭐가 있을까요?"
"뭐가 있을까요?"

브라이언도 눈을 반짝이며 꼭 같이 물었다.
"그건 바로 마시멜로란다."
나는 마치 매년 여름 블루베리와 라즈베리, 그리고 블랙베리와 함께 마시멜로를 따온 것처럼 말했다. 하지만 아이들은 도저히 믿을 수 없다는 눈치였다.
그래서 나는 서둘러 말을 이었다.
"어젯밤에 아빠하고 같이 저 호수 아래로 산책을 나갔었는데, 고녀석들이 딱 알맞게 익었더구나. 우리가 지금 여기 있는 건 정말 행운이야. 마시멜로는 일년에 단 하루만 딸 수 있거든."
그래도 여전히 줄리는 의심어린 눈빛이었고 브라이언조차 킥킥대며 웃기 시작했다.
"엄마, 말도 안 돼요. 마시멜로는 가게에서 포장해서 파는 건데."
줄리의 항의에 나는 어깨를 으쓱해 보이며 말했다.
"블랙베리도 가게에 가면 팔지만, 너희들은 여기서 딸 수 있잖니, 안 그래? 블랙베리든 마시멜로든 누군가 따서 포장을 해야 가게에서 팔 수 있는 거야."
브라이언이 아빠에게 도움을 청했다.
"아빠, 정말 그래요?"
팬케이크를 뒤집느라 바빴던 남편은 별일 아니라는 듯이 대답했다.
"직접 나가서 확인해보면 되지 않을까?"
"좋아요!"

아이들은 아침햇빛에 반짝이는 작은 양철 바구니를 하나씩 들고 서 후다닥 달려 나갔다.

아이들이 저만치 멀어진 것을 확인한 남편이 웃으며 말했다.

"당신은 정말 못 말리는 사람이야. 애들도 안 믿잖아."

나도 웃으며 말했다.

"그래도 한번 믿어봐요."

몇 분 뒤에 흥분한 아이들이 뛰어 들어왔다.

그리고 작은 마시멜로를 높이 들어올리며 줄리가 말했다.

"이것 좀 보세요! 아기 마시멜로예요!"

누나 말이 채 끝나기도 전에 브라이언이 끼어들었다.

"나는 다 자란 마시멜로를 땄어요! 아, 요리해서 먹을래요. 아빠 모닥불을 좀 피워주세요. 얼른요!"

"얘들아 너무 서두르지 마라. 마시멜로는 금방 시들지 않는단다."

아이들을 진정시킨 남편이 내게 살짝 눈을 찡끗해 보였다. 그리고 아이들이 핫도그를 구울 때 쓰는 포크를 가지러 간 동안 작은 나뭇가지에 불을 붙여 모닥불을 피웠다.

"내 마시멜로는 아주 작으니까 더 잘 구워질 거야."

줄리가 자신의 마시멜로를 보며 장담했다. 절대 그럴 리 없다는 듯 어깨를 한번 으쓱해 보인 브라이언이 가져온 포크에다 커다란 마시멜로 두 개를 끼웠다.

우리는 모두 숨을 죽인 채 요리 결과를 지켜보았다.

서서히 브라이언의 두 눈이 커지기 시작했다.

"와! 이건 정말 가게에서 파는 오래된 마시멜로보다 훨씬 근사해요!"

그리고 아직 양철 바구니 속에 들어 있는 마시멜로를 쓰다듬었다.

"모두 다 정말 멋져요!"

"그래, 모두 다 정말 싱싱하구나!"

내 말을 듣고 있던 줄리가 아직도 뭔가 찜찜한 듯 물었다.

"엄마, 그런데 마시멜로가 열린 나무는 왜 나뭇잎 모양이 모두 달라요?"

"그건 종류가 달라서 그런 거란다. 그러니까, 꽃들처럼 말이야."

"아, 그렇구나."

손가락에 묻은 마시멜로를 핥아먹던 줄리는 나의 주저 없는 대답에 만족한 듯했다. 그리고 다음에 먹을 마시멜로를 꼼꼼히 뜯어보던 녀석의 얼굴에 세상에서 가장 달콤한 미소가 피어올랐다.

줄리가 부드럽게 말했다.

"마시멜로가 마침 오늘 딱 알맞게 익어서 얼마나 다행인지 몰라요!"

—낸시 스위트랜드

여름 캠프의 향긋한 공기

지구의 아름다움을 볼 수 있는 이들은 그 안에서
생명이 다하는 그 순간까지 자신을 지탱해줄 무한한 힘을 찾아낸다.
레이첼 칼슨

    지난여름, 나는 로베르토와 함께 떡갈나무와 해바라기, 그리고 야생 토끼로 가득한 아름다운 산타모니카 산에 올랐다. 로베르토는 에이즈에 걸린 열한 살 소년이었다. 조금은 긴장한 듯한 그의 손에는 플라스틱 단지 하나가 꼭 쥐어져 있었다. 우리는 그 안에 담을 근사한 무언가를 찾아 나선 길이었다.

    해마다 8월이면, 에이즈 바이러스에 감염된 아이들이 이곳 말리부의 여름 캠프에 와서 마음의 안식을 찾고 돌아갔다. 이곳은 전형적인 여름 캠프였지만 에이즈에 걸린 아이들이 다른 곳에서 흔히 겪게 되는 모든 사회적 편견에서 완전히 자유로운 장소였다. 여기서 아이들은 다른 평범한 아이들처럼 자연 속에서 배우고 마음껏 뛰어놀 수 있었다.

우리는 캠프를 찾은 모든 아이들에게 아무것도 들어 있지 않은 플라스틱 단지를 하나씩 나누어 주고 이곳에서 보내는 일주일 동안 기념이 될 만한 물건들로 단지 속을 채우게 했다. 집에 돌아간 뒤에도 이곳에서 겪은 행복한 순간들을 추억할 수 있도록 말이다.

그동안 모은 것들을 내게 보여주는 로베르토는 두 뺨이 발그레 했다. 로베르토의 단지 안에는 산을 오르다 주운 작은 돌과 그가 묵은 오두막 창문 너머에 피었던 꽃, 그리고 카니발이 열린 날 밤에 새로 사귄 친구와 함께 찍은 사진이 들어 있었다.

내가 로베르토에게 물었다.

"단지 안에 무얼 더 넣고 싶니?"

그는 녹색의 언덕을 한바퀴 죽 둘러보고 나서 어제 장난스럽게 헤엄치는 돌고래들과 만났던 푸른 바다를 내려다보더니 천천히 음미하듯 깊은 숨을 들이마셨다.

그리고 잠시 후에 키득키득 웃으며 말했다.

"여름 캠프 공기요."

나는 이 말이 무엇을 의미하는지 잘 알고 있었다. 오랜 시간이 흐른 뒤에도 단지의 뚜껑을 열고 깊은 숨을 들이마시면 이곳에서 느꼈던 사랑과 행복과 우정을 다시 느낄 수 있기를 소망하는 것이었다. 그러면 고통스러운 약물치료도, 부모님을 잃는 아픔도, 여전히 자신을 받아들여 주지 않는 사회 속에서 살아가야 하는 힘겨운 일상도 훨씬 견디기 수월해질 터였다.

우리들의 여름 캠프에서는 언제나 참으로 좋은 냄새가 났다. 그것은 바다에 피어오른 새벽안개의 알싸한 냄새 같기도 했고, 한낮의 태양 아래서 이글거리는 산의 싱그러운 땀 냄새 같기도 했다. 하지만 사실 이 모든 것은 기쁨에 들뜬 아이들에게서 뿜어져 나오고 있었다. 그것은 환희였고 또한 눈물이었다. 그것은 누군가 자신을 지켜준다는 믿음 속에서 자유를 만끽하는 이들에게서 배어나오는 생명의 향기였다. 그것은 캠프에서 지내는 동안 길가에 색깔 고운 분필로 그려 놓은 그림이었으며, 반짝이는 불빛 아래서 추던 흥겨운 춤이었으며, 식당에서 먹던 맛깔스런 음식이었으며, 밤마다 친구들과 목청 높이 부르던 노래였다.

  나는 로베르토와 한바탕 크게 웃었다. 그리고 우리는 함께 꼭 닫아 두었던 단지의 뚜껑을 조심스럽게 열어보았다. 작은 돌멩이 하나, 꽃 한 송이, 사진 한 장이 들어 있는 그 단지 안에서 나는 분명히 보았다. 로베르토가 소중하게 담아두었던 신비한 공기가 소용돌이치고 있는 것을 말이다.

—리사 카바노프

내 마음의 보물 상자

<u>스스로</u> 해내고자 하는 마음이 크다면
어떠한 고난도 능히 이겨낼 수 있다.
니콜로 마키아벨리

아침 식사 준비를 하고 오트밀을 먹고 짐을 챙기는 동안 내 주변을 서성이는 놈들이 있었다. 다름 아닌 들꿩들이었는데 날개를 부딪치며 걸어 다니는 모양이 꼭 내 등반을 축하하기 위해 모인 북 치는 소년들 같았다. 애팔래치아 산맥을 따라 가는 6주간의 도보여행에서 맞이한 네 번째 아침에, 아직은 약하지만 제법 따스한 봄 햇살이 눈 덮인 솔송나무 가지 사이로 쏟아지고 있었다. 모든 준비를 마치고 나자 가슴이 두근거렸다. 이제 출발만 하면 되었다.

하지만 부드럽기만 하던 햇살이 갑자기 너무 따가워져 눈을 제대로 뜰 수 없는 지경이 되어버리고 말았다. 얼마 전 선글라스를 잃어버린 나 자신을 원망해보지만 부질없는 짓이다. 하는 수 없이 눈을 최대한 가늘게 뜨고 고개까지 잔뜩 수그린 채로 정상을 향해 힘겨운 걸음을 옮기기 시작했다. 얼마쯤 걸었을까, 힘이 들어 잠시 멈춰 섰는데 녹은 얼음 사이로 살짝 모습을 드러낸 붉은 무언가가 시선을 끌었다.

그것은 오래전에, 그러니까 아마도 지난 가을쯤에 누군가 잃어버렸던 붉은 손수건이었다. 손수건을 집어든 나는 깜짝 놀라고 말았다. 운 좋게도 그 안에 선글라스가 들어 있었던 것이다. 나는 선글라스를 깨끗이 닦은 뒤에 얼른 썼다. 그리고 붉은 손수건을 머리에 둘러맸다. 마치 해적처럼 말이다. 조금 전까지만 해도 다음 야영지에서 묵어갈 계획이었지만 선글라스에 용기백배한 나는 계속 전진하기로 결심했다.

선글라스 덕분에 눈을 제대로 뜨고 주위를 둘러보니 내 앞에 또 한 사람이 있었다. 그 사람은 상당히 천천히 걷고 있었기 때문에 어렵지 않게 따라잡을 수 있었다. 우리는 얘기를 나누기 시작했다. 그분은 바이패스(대체혈관)라는 별명으로 자신을 소개했다. 3년 전에 혈관이식수술을 받은 까닭이었다. 바이패스 아저씨는 68세였고 은퇴를 했으며 이제 막 열흘간의 도보여행을 시작했다고 했다.

우리는 잠시 이런저런 수다를 떨었다. 아저씨도 나처럼 이곳에서 10킬로미터 정도 떨어진 곳에 있는 다음 야영지에서 묵어갈 계획을 세워두고 있었다. 하지만 우리가 산에 오르기 시작할 무렵 아저씨가 당부했다. 자신의 걸음이 늦어 뒤처지게 될 테니 나 먼저 가라고 말이다. 그래서 아쉬운 작별인사를 나눈 뒤에 내가 앞서가기 시작했다. 눈 덮인 산을 걷는 것은 쉬운 일이 아니었다. 아무리 조심스럽게 걸음을 내딛어도 쌓인 눈은 사람의 무게를 견디지 못했고, 몇 걸음 못 가서 한쪽 다리가 눈 속에 푹 파묻히기 일쑤였다.

눈에 빠지지 않으려고 턱까지 차오르는 숨을 헐떡이며 전력을 다해 무거운 걸음을 옮기면서도 내 머릿속에는 바이패스 아저씨에 대한 생각이 떠나지 않았다. 그렇게 헤어지지 말았어야 했다는 후회가 물밀듯이 밀려왔다. 아저씨가 걱정이 되어 견딜 수가 없었다. 하지만 돌아갈 수는 없는 노릇이었다. 눈발이 점점 더 거세지는데다 나뭇가지 위에 쌓여가는 눈이 언제 제 무게를 감당하지 못하고 무너져 내릴지 알 수 없었다. 길을 표시하기 위해 누군가 나무에 그려둔 하얀 선조차 분간할 수가 없는 지경이었다.

야영지까지 남은 마지막 2킬로미터는 내 생애 가장 힘든 여정이었다. 허리까지 쌓인 눈에 다리가 푹푹 빠져 들어갔고, 눈 속에 묻혀 있어 보이지 않는 나뭇가지와 바위에 자꾸만 정강이가 부딪쳤다. 그때마다 바이패스 아저씨가 잘 오고 계실지 걱정이 되었다.

고생 끝에 야영지에 도착한 나는 먼저 마른 옷으로 갈아입고 불을 피웠다. 저녁을 준비하는 내내 바이패스 아저씨 생각이 떠나지 않았다. 시간이 흐를수록 걱정은 커져만 갔다. 날이 저물어갈 무렵, 아저씨가 드디어 야영지에 도착했다. 하지만 걱정과는 달리 아저씨의 표정은 아주 밝았다. 게다가 내가 머리에 두르고 있던 붉은 손수건까지 들고 오셨다. 잃어버린 줄도 몰랐었는데 말이다.

나는 아저씨를 덥석 끌어안았다. 그리고 무사히 도착하실지 많이 걱정했었노라고 말했다. 아저씨는 자기는 괜찮으니 걱정할 것 없다고 몇 번이나 말씀하셨다. 그리고 내가 보기에도 아저씨는 아주 활기차 보였다.

마른 옷으로 갈아입는 아저씨의 가슴에 십자 모양의 짙은 자주색 흉터가 남아 있었다. 이런 내 모습을 얼핏 본 아저씨가 별일 아니라는 듯 어깨를 한번 으쓱해 보였다.

그리고 환한 미소를 지으며 내게 말했다.

"처음에는 내 눈에도 이것이 흉터로만 보였지. 그런데 지금은 이것을 치유의 흔적이라고 여긴다네. 자네도 알겠지만 그게 바로 흉터라는 것 아니겠나."

그날 밤 나는 타오르는 모닥불 앞에 앉아서 바이패스 아저씨의 용기와 인내에 대해 곰곰이 생각해보았다. 그리고 언젠가는 나도 그분처럼 강인해질 수 있기를 기도했다. 그러다 문득 진정한 영웅은 텔레비전이나 운동경기에서 볼 수 있는 사람들이 아니라, 자신에게 닥친 어려움을 당당히 헤쳐 나가는 모든 사람들이라는 사실을 깨달았다.

집으로 돌아온 나는 어느 산 정상에서 가져온 작은 돌, 내 충견이 사용했던 목걸이, 엄마에게서 받은 특별한 편지 한 통이 담겨 있는 내 보물 상자에 물건 하나를 더 담았다. 우연히 발견했다가 나도 모르는 사이에 잃어버렸고, 한 영웅이 뉴햄프셔의 눈 덮인 숲에서 나를 위해 가져온 덕분에 다시 찾게 된 붉은 손수건 한 장 말이다.

―리사 프라이스

어미 오리가 보여준 기적

물갈퀴 발을 가진 당신의 친구에게 부디 친절하기를.
그 녀석들도 분명 누군가의 어머니일 테니까.
미치 밀러

아빠가 뒷좌석에 앉은 우리를 보며 말했다.
"얘들아, 이제 두 시간만 더 가면 야영지에 도착하겠구나."
1950년 여름, 가족이 모두 함께 휴가를 떠난 길이었다. 목적지에 도착하면 언제나 그랬듯이 야영을 할 작정이었다. 나는 이렇게 차를 타고 달리는 것을 정말 좋아했다. 달리는 차는 마치 흔들리는 요람 같아서 타고 있으면 어느새 단잠에 빠져들곤 했던 것이다. 나는 그날도 어김없이 의자에 기대앉아 꾸벅꾸벅 졸고 있었다.
바로 그때 무언가 쾅 하고 부딪치는 소리가 났다. 깜짝 놀라 눈을 떠 보니 내가 뒷좌석 바닥에 들어가 있었다.
"무슨 일이야? 어디쯤인데?"
"목적지 도착하기 30분 전."

아빠가 화난 목소리로 대답했다.
"그리고 이게 도대체 무슨 일인지는 모르겠지만 차들이 모두 멈춰 버렸어. 아무래도 나가서 알아봐야겠다."
아빠가 차에서 내렸다. 엄마와 남동생 데이빗과 나는 차에서 꼼작도 않고 기다렸다.
흥분한 데이빗이 소리쳤다.
"사고가 난 게 틀림없어!"
그러자 엄마가 고개를 저었다.
"아마도 곰이 길을 건너고 있을 거야."
데이빗은 궁금해서 가만히 있지 못하고 엉덩이를 들썩거렸다. 어쨌거나 밖에서 무슨 일이 일어난 것이 분명했다.
아빠가 차를 향해 달려왔다.
"자, 어서 이리 나와 봐! 모두들 이걸 꼭 봐야 해!"
나는 차 밖으로 튀어나와 아빠의 걸음을 따라잡기 위해 뛰듯이 걸어가며 아빠에게 물었다.
"무슨 일인데, 아빠?"
그러자 아빠는 빙긋 웃으며 내 손을 잡았다.
"같이 가서 보자꾸나, 캐롤라인."
그것이 무엇이든 좋은 것임에 틀림없었다. 우리 아빠를 행복하게 만들었으니 말이다. 나는 아빠의 손을 꼭 잡고는 신이 나 껑충껑충 뛰면서 우리 앞에 서 있던 열 대가 넘는 차들을 지나갔다. 그러자 저마다 탄성을 지르며 옹기종기 모여선 사람들이 모습을 드러냈다.

그들은 모두 같은 곳을 바라보고 있었다. 그곳에는 매끄러운 털을 가진 어미 오리 한 마리가 자랑스럽게 길을 건너고 있었다. 그리고 아홉 마리의 귀여운 새끼들이 한 줄로 서서 뒤뚱거리며 그 뒤를 따르고 있었다. 사람들이나 자동차들은 완전히 무시한 채로 말이다.

차에서 내린 사람들 중 누구도 고속도로를 독차지한 이 겁 없는 어미 오리와 아홉 마리 새끼들을 탓하지 않았다.

우리들은 모두 함께 오리 식구를 따라 언덕으로 올라갔다. 어미 오리는 새끼들을 데리고 작은 둑을 넘어서 산 아래로 흐르는 작은 시내에 무사히 도착해 헤엄치기 시작했다.

나는 어른들과 함께 차가 있는 곳으로 돌아왔다. 그리고 낯선 사람들끼리 대화를 나누는 것을 보았다.

"밀워키(미국 위스콘신 주 동부의 호반의 도시)에서 오셨어요? 우리도 거기서 4년이나 살았는데!"

그들은 곁에 있는 이들과 이런저런 얘기를 나누면서 서로의 공통점을 찾아가고 있었다.

우리의 여정을 계속하는 동안 나는 조금 전에 보았던 일들을 곰곰이 되새겨보았다. 야영지에 도착했을 때, 나는 아빠 옆에 있는 커다란 바위에 앉아 시냇물에 발을 담갔다.

그리고 아빠에게 물었다.

"아빠, 그 바쁜 사람들이 모두 멈춰 서서 자기하고 새끼들이 모두 길을 건널 때까지 기다려주리라고 어미 오리가 어떻게 알았을까?"

아빠는 부드러운 돌을 하나 집어서 엄지손가락과 집게손가락 사이에 넣고 잘 문지른 다음에 그것으로 물수제비를 떴다. 무언가 곰곰이 생각에 잠긴 채로 말이다.

수면 위를 미끄러지듯 날아가는 작은 돌을 바라보면서 아빠가 내게 말했다.

"얘야, 그것이 바로 기적이란다. 신은 모든 사람이 잠시 걸음을 늦추고 좀 더 느긋한 마음으로 인생을 돌아볼 수 있기를 바라신거야. 그래서 어미 오리와 새끼들이 그 시간 그 길을 걸어가게 하신거지. 그분은 이렇게 우리들 삶 구석구석에 기회를 만들어두신단다. 사람들이 인생에 가장 중요한 것이 무언지 생각할 수 있도록 말이다. 그러니 기회가 오면, 그것이 언제든 놓치지 말거라."

나는 아빠의 말을 곱씹으며 잠시 그대로 앉아 있었다. 그러자 아빠의 말이 무슨 뜻인지 알 것 같았다. 내 얼굴에 빙그레 미소가 떠올랐다. 잠시 후에 우리 곁으로 다가온 엄마가 지친 발을 차가운 물속에 담갔다. 안도의 한숨을 내쉬며 엄마가 말했다.

"오오, 정말 기분 좋다!"

사방으로 돌아다니던 남동생 데이빗도 어느새 엄마 옆으로 다가와 꼭 붙어 앉았다. 시냇가에서 우리는 모두 함께 느긋한 한때를 보냈다. 어디선가 불어온 산들바람이 나무들 사이를 스치고 지나가자 파란 나뭇잎들이 오직 우리들만을 위한 노래를 나지막이 속삭였다.

그랬다. 그것은 정말 기적이었다!

—캐롤라인 그리핀

금잔화에 깃든 추억

용서야말로 사랑을 표현하는 가장 다정한 방법이다.
존 셰필드

초저녁에 내 눈길을 사로잡았던 작고 예쁜 다람쥐 한 마리가 깊은 밤 열린 내 침실 창문으로 고약한 냄새를 풍겨댔다. 하지만 녀석을 쫓아버리지는 않았다. 이제 막 수확을 앞둔 텃밭의 채소들을 먹어대는 새 떼를 내버려두었듯이 나는 그냥 말없이 녀석을 지켜봤다. 그러고 보니 녀석의 냄새는 묘하게도 금잔화 냄새를 닮았다.

나는 오랫동안 텃밭을 가꿔왔다. 하지만 아직도 뜨거운 햇살 아래서 익어가는 열매들을 볼 때면 항상 가슴이 설레곤 한다. 여름내 흘린 땀방울이 해마다 눈부신 만찬으로 거듭나는 상상은 그것만으로도 나를 행복하게 만든다. 하지만 나도 어린 시절에는 누군가 정성껏 가꿔놓은 텃밭을 망쳐놓은 적이 있었다.

아직도 기억에 생생한 여섯 살 여름의 일이었다. 그것은 내가 자유를 만끽할 수 있는 마지막 여름이기도 했다. 학교에 다니기 시작하면 그런 시간을 갖기란 아무래도 힘들 것이었다. 나는 친구들과 함께 뒷마당에 만들어둔 연못이나 우리들의 요새로 사용하는 작은 오두막에서 한가로운 날들을 보냈다.

그때 우리 동네에는 뒷마당에다 당근이며 대황(여러해살이풀로 황색 뿌리를 약용함), 콩과 같이 상상할 수 있는 모든 채소를 정성껏 키우는 포르투갈 아주머니 한 분이 있었다. 내가 아침 일찍 친구들을 만나러 길을 나설 때쯤이면 아주머니도 어김없이 옆문으로 나와 뒷마당에 마련해둔 텃밭으로 향했다. 언제나 그랬듯이 커다란 밀짚모자를 푹 눌러쓰고 바구니 하나를 단단히 든 채로 말이다. 한번은 아주머니가 텃밭을 어떻게 돌보는지 너무나도 궁금해서 길 옆에 납작하게 엎드려 지켜본 적이 있었다.

한 여름의 태양은 그야말로 타는 듯이 뜨거웠지만 아주머니는 아랑곳하지 않는 것 같았다. 아직 키 작은 채소들 사이에 쪼그리고 앉은 아주머니는 두 손을 부지런히 움직여가며 잡초를 뽑아 옆에 있던 바구니에 담았다.

어른이어서 그랬을까 아주머니는 정말 오랫동안 열심히 일했다. 오히려 지켜보는 내가 먼저 지쳐버리고 말았다. 나는 더 이상 참지 못하고 벌떡 일어나 아주머니네 앞마당을 가로질러 터덜터덜 무거운 걸음을 옮겼다. 그 순간, 너무나도 부드럽고 파란 잔디가 내 시선을 사로잡았다. 이런 잔디는 동네 어디서도 본 적이 없었.

8월이 되자 조금은 무료해진 나와 친구들은 뭔가 흥미진진한 새로운 놀이를 찾기 시작했다. 그리고 고민 끝에 포르투갈 아주머니의 텃밭을 떠올렸다. 우리들의 첫 번째 공격 대상은 그곳에서 무럭무럭 자라고 있는 대황으로 결정됐다. 아주머니네 담벼락에 붙어 서서 주변에 아무도 없는지 꼼꼼히 살핀 뒤에 바닥에 납작 엎드린 친구 녀석의 등을 밟고서는 제일 키가 큰 내가 담을 넘어 안으로 들어갔다. 나는 몸을 잔뜩 수그린 채로 조심스럽게 대황을 몇 줄기 뽑아서 다시 담에 매달렸다. 친구들이 밖에서 내 팔을 힘껏 당겼다. 내가 힘겹게 담을 넘자마자, 우리는 모두 함께 요새로 내달렸다. 대황은 시큼해서 별로 맛이 없었지만 어쨌거나 내 임무를 무사히 마친 탓에 적잖이 뿌듯했다. 다음에는 잎이 근사한 당근에 도전하기로 했다. 당근이라면 맛도 좋을 것이 분명했다. 이번에도 담을 넘어 밭으로 들어간 내가 탐스러운 당근 몇 뿌리를 뽑아들고 담 밖에 서 있는 친구들을 향해 자랑스럽게 돌아섰을 때, 녀석들은 모두 미친 듯이 도망치고 있었다.

나는 친구들의 뒷모습을 향해 애타게 소리쳤다.

"기다려! 같이 가야지!"

하지만 부질없는 일이었다. 친구들은 어느새 모두 사라져버렸고 이제 그곳에는 나 혼자뿐이었다. 그것은 저 높은 담을 넘도록 도와줄 이가 아무도 없다는 뜻이었다. 남은 방법은 한 가지 밖에 없었다. 위험부담이 크기는 했지만 집 옆을 돌아 나가는 것이었다.

하지만 심호흡을 한번 하고 뒤로 돌아섰을 때, 친구들이 나를 버리고 달아난 이유를 내 두 눈으로 똑똑히 볼 수 있었다. 아주머니가 나를 향해 쿵쿵 걸음을 내딛으며 다가오고 있었다. 손에 단단히 쥔 커다란 수수 빗자루를 위아래로 흔들면서 말이다. 내 가슴도 쿵쿵 방망이질 쳤다. 다급한 마음에 이리저리 주변을 둘러봤지만 여전히 담은 너무 높았다. 다른 녀석들보다 좀 더 크다고 해도 혼자서 저 담을 넘을 수는 없는 노릇이었다. 나는 두 눈을 질끈 감고 아주머니 옆구리와 빗자루를 든 팔 사이로 빠져나가 길을 향해 내달리기 시작했다.

하지만 고래고래 소리를 지르며 내 뒤를 쫓는 아주머니도 상상을 초월할 만큼 빨랐다.

"이 녀석! 감히 내 밭에 손을 대? 두 번 다시 내 당근에 손을 못 대게 해주마!"

게다가 내 종아리를 스치는 아주머니의 수수 빗자루는 정말 눈물이 날만큼 따가웠다.

나는 아주머니를 향해 외쳤다.

"잘못했어요! 용서해주세요. 다시는 안 그럴게요!"

나는 집까지 쉬지 않고 달렸다. 당신 집 앞길에서 멈춰선 아주머니는 더 이상 나를 따라오지 않았는데도 말이다. 집에 도착한 나는 그제야 아직도 당근 세 개를 손에 꼭 쥐고 있다는 사실을 깨달았다. 그 중 한 개를 흙을 털고는 우적우적 씹어 먹었지만 놀란 탓인지 아무 맛도 나지 않았다. 나는 손에 쥐고 있던 당근 세 개를 그 자리에서 다 먹어치워 버렸다. 나를 죽을 뻔하게 만든 이 녀석들을 다시는 보고 싶지 않았다.

그 다음 월요일은 내가 처음으로 학교에 가는 날이었다. 근사한 새 옷을 차려입고 새 가방까지 꼼꼼히 챙겨들었지만 차마 현관문을 나서지 못한 채 엉엉 울기 시작했다. 학교에 가는 것이 너무나도 싫었던 것이다. 수업이 시작되면 꼼작 않고 자리에 앉아 있어야 한다고 했지만 그건 정말 멍청한 일이 아닐 수 없었다. 뒷마당의 연못도 우리들의 비밀요새 오두막도 하염없이 나를 기다리고 있을 것이 분명했다. 그때 문득 배가 아프면 학교에 안 가도 될 거라는 생각이 났다. 그러면 오랫동안 자리에 앉아 있을 수 없을 테니 말이다. 그리고 거짓말처럼 정말 배가 아프기 시작했다. 하지만 엄마는 긴장해서 그런 것뿐이라며 어서 출발하라고 재촉하셨다. 내 가슴에 커다란 코끼리 한 마리가 얹어진 듯 숨이 막혀왔다. 그렇게, 행복했던 여름날도 아무런 걱정 없던 유년의 날들도 내게 씁쓸한 이별을 고했다.

친구들은 신이 나서 걸음을 서둘렀지만, 나는 점점 뒤로 처졌다. 쏟아지려는 눈물을 삼키느라 자꾸만 걸음을 멈췄던 것이다. 어느새 길모퉁이를 돈 친구들이 시야에서 사라졌다. 내가 옆에 없다는 것을 눈치 채지 못한 것이 틀림없었다. 그러자 갑자기 서러움이 밀려오면서 억지로 참고 있던 눈물이 흘러내렸다. 나는 그만 그 자리에 주저앉아 엉엉 울기 시작했다. 그때 누군가 내게 다정하게 말을 건넸다.

"왜 울고 있니?"

고개를 들어보니 눈물 사이로 그 포르투갈 아주머니가 보였다. 다행이도 수수 빗자루는 보이지 않았다. 게다가 나를 향해 빙그레 미소 짓고 있었다.

나는 요란스럽게 코를 훌쩍이며 대답했다.

"나는 정말로 학교에 가기 싫단 말예요!"

"학교가 얼마나 근사한 곳인지 아직 모르는구나. 거기서는 읽는 것도 배울 수 있단다."

아주머니는 나를 이끌고 당신의 집 앞길로 향했다.

걸어가면서 아주머니가 내게 속삭였다.

"내 너한테 멋진 걸 하나 줄 테니 아무 걱정 말아라. 담임선생님은 틀림없이 너를 아주 예뻐하실 거야. 그러면 너도 금방 선생님을 좋아하게 될 테고 말이다."

나는 현관 계단에 쭈그리고 앉아서 집에 들어간 아주머니가 나오기를 기다렸다. 잠시 후에 물에 적신 휴지와 알루미늄 호일을 가지고 나온 아주머니는 알루미늄 호일을 컵 모양으로 만든 뒤에 그 안에다 물에 적신 휴지를 넣었다.

아주머니가 꽃이 활짝 핀 당신의 정원을 가리키며 내게 말했다.

"어서 가서 선생님께 드릴 예쁜 꽃을 꺾어오렴."

"하지만 저는 아주머니 당근을 훔쳐갔었던걸요."

그리고 나는 잠시 망설이다 말을 이었다.

"그리고, 대황을 몰래 가져간 것도 저였어요."

아주머니는 웃음을 참느라 무던히도 애쓰고 있었다.

"그래도 너는 나한테 사과했었잖아. 그렇지?"

"네."

"그럼 된 거야. 그러니까 어서 꽃을 꺾어오렴. 이번에는 내가 허락했으니 괜찮단다."

나는 나를 향해 미소 짓는 아주머니를 바라봤다. 그리고 눈앞에 펼쳐진 수많은 꽃들을 바라봤다. 키가 큰 붉은색 꽃들이 뒤쪽에 서서 고개를 쑥 내밀고 있었고 키가 작은 분홍색과 노랑색 꽃들은 앞쪽에 옹기종기 모여 있었다. 나는 머리카락 몇 가닥을 손가락에 감아 빙빙 돌리며 어떤 꽃이 좋을까 고심했다. 그리고 그중에서 밝은 노란색을 띤 작은 꽃을 골랐다. 나중에 알았지만 그것은 금잔화였다.

아주머니가 그 꽃을 알루미늄 호일 컵에 담아 나에게 건네며 말했다.

"자 이제 학교에 도착하면 이걸 선생님께 드리렴. 그곳에서 아주 많은 것을 배우게 될게다. 그래야 나중에 자라서 훌륭한 사람이 될 수 있단다."

나는 아주머니를 두 팔로 꼭 안아드렸다. 그리고 학교를 향해 달려갔다. 꽃을 든 손을 자랑스럽게 위로 번쩍 올린 채로 말이다.

35년이 흐른 지금도 금잔화 냄새를 맡으면, 그분이 내게 몸소 보여주었던 용서와 친절에 대한 소중한 가르침이 떠오른다. 사실 냄새가 좋지 않은 까닭에 이 꽃을 좋아하는 이는 그리 많지 않다. 하지만 나는 이 꽃이 가득 담고 있는 추억을 사랑한다. 코끝에 닿으면 어느새 나를 여섯 살 꼬마아이로 돌아가게 하는 그 향기를 사랑한다.

―호프 색스턴

눈 오는 날에

> 자연은 우리들에게 무언의 암시를 보낸다.
> 그리고 이는 끝없이 계속 이어진다.
> 어느 날 문득 우리가 깨닫게 되는 그 순간까지 말이다.
> **로버트 프로스트**

　어른들은 대부분 이것을 싫어한다. 솔직히 이것은 심각한 교통문제를 야기하고 힘겨운 삽질을 하게 만드는 것이 사실이다. 한마디로 여간 성가신 일이 아닐 수 없다. 하지만 어떤 이들은 이것을 보면서 지나간 시절을 떠올린다. 마술과도 같았던 '눈 오는 날'의 추억을 말이다.

　어릴 적에 내게 겨울은 예기치 못했던 휴일을 맞이할 수 있는 계절이었다. 그리고 이를 가능하게 한 것은 갑자기 쏟아지는 눈이었다. 살을 에는 듯한 찬 바람 때문에 얼어서 따끔거리는 손과 귓불, 그 바람을 타고 어렴풋이 코끝에서 맴도는 난로 위 수프와 오븐 안 옥수수 머핀의 고소한 향기, 눈 내리던 날의 모든 일이 아직도 내 기억 속에 고스란히 남아 있다.

눈이 내리기 며칠 전부터 우리는 술렁였다. 모든 아이들이 눈 얘기만 했다.

"목요일에 눈이 많이 온대. 아마 학교도 문을 닫을 거야."

눈이 내린다고 예보된 전날 밤이면 나는 내일 무엇을 하고 어디에 갈지 계획을 세우느라 바빴다. 15분마다 한번씩, 잔뜩 내려앉은 회색 하늘에서 지겨운 학교로부터 나를 구해줄 하얀 눈이 내리지 않는지 확인하면서 말이다. 그리고 맞이한 눈 덮인 아침은 아이들에게 크리스마스 못지않은 기쁨이었다.

쌓아두었던 겨울옷 가운데서 외투와 털신을 꺼내면서 이것들이 부디 올해도 몸에 맞기를 기도했다. 그래야 종일 밖에 나가 놀아도 몸이 얼지 않을 수 있었으니까. 옷을 단단히 끼어 입고서 아무도 밟지 않은 하얀 눈 위에 첫걸음을 내딛는 순간에는 언제나 가슴이 벅차올랐다. 달 표면에 처음 발을 내딛은 이의 심정이 이와 비슷하지 않았을까 생각하는 동안, 등골이 오싹할 정도의 고요와 어제와는 사뭇 달라진 낯선 풍경만이 숨을 죽인 채 나를 맞아주었다.

옆집에 사는 사람들은 언제나 아홉 시가 지나서야 집 밖으로 나왔다. 그러니 눈이 얼기 전에 치우려면 오빠들이 나서는 수밖에 없었다. 눈이 내린 아침이면, 오빠들은 삽을 하나씩 들고 집 앞 차도에 쌓인 눈을 치웠다. 그러면 엄마는 잊지 않고 얼마간의 용돈을 주셨다. 눈이 엄청나게 많이 내린 날에는 거의 하루 종일 눈을 치우기도 했다.

하지만 어린 여자아이였던 까닭에, 나는 길에 쌓인 눈을 치우지 않아도 되었다. 내 능력껏 집 앞에 쌓인 눈을 치우는 것으로 충분했다. 물론 그때는 오빠들처럼 눈 치우는 삽을 사용할 수는 없었다. 내 몫으로 남은 삽은 전에 석탄 난로를 때던 집에서 석탄을 뜰 때 사용하던 것뿐이었다.

주어진 일을 모두 마치고 나면, 나는 친구 캐시에게 달려갔다. 친구 집 앞에는 눈을 치워야 할 길이 없었던 것이다. 그저 흰 눈에 반짝이는 넓은 마당이 있을 뿐이었다. 달라진 풍경에 어리둥절해진 작은 새 한 마리가 눈 위를 서성이다 아무런 흔적도 남기지 않은 채 날아가버리기도 했다. 친구 집에 가까워지면, 나를 향해 손을 흔들며 옷을 챙겨 입느라 마루를 펄쩍펄쩍 뛰어다니는 캐시의 모습이 창을 통해 보였다. 내가 현관에 도착하면, 캐시는 어서 모자를 씌워달라며 엄마를 졸라댔다. 그 모습이 꼭 출발선에 서서 문이 열리기만을 기다리는 경주마 같았다.

드디어 캐시가 문을 박차고 달려 나오면 나도 뒤돌아 뛰기 시작했다. 나는 앞서 뛰어가며 나뭇가지를 흔들어 그 위에 쌓여 있던 눈 더미를 무너뜨렸다. 생각보다 아주 재미있었다. 하지만 이상한 기분이 들어 뒤를 돌아보니 캐시가 나를 보며 소리 없이 눈물만 뚝뚝 흘리고 있었다.

나는 놀라서 물었다.

"무슨 일이야? 왜 울어, 캐시?"

큰 숨을 한번 내쉬어 울음을 진정시킨 후에 캐시가 대답했다.

"네가 마당에 쌓인 눈을 다 헝클어놓았잖아."

어린아이에게 이것은 더없이 서러운 일이었다.

나는 아직 눈물이 멎지 않은 친구의 손을 잡고서 우리 집 뒷마당으로 갔다. 앞마당은 벌써 오래전에 내가 '탐험' 하는 바람에 엉망이 되어버렸지만 뒷마당의 눈은 아직 그대로 있을 것이 분명했다. 나는 캐시를 뒷문으로 안내했다. 그리고 어떤 이의 발길도 닿지 않은 채 하얀 담요처럼 마당을 감싸고 있는 눈을 선물했다.

캐시는 눈이 쌓인 마당 위를 부러 발을 끌면서 둥글게 뛰어다녔다. 그래야 곱게 쌓인 눈을 좀 더 흩어놓을 수 있었으니까. 그러다가 쭈그리고 앉아서 보라색 벙어리장갑을 낀 양손 가득히 눈을 담아들고 벌떡 일어나서는 공중에다 흩뿌렸다. 그러면 차가운 바람에 흩날린 눈가루가 내 두 뺨과 눈썹을 하얗게 만들어놓았다. 실컷 놀고 난 뒤에 우리는 약속이라도 한 듯이 동시에 눈 위에 벌렁 드러누워서 양팔과 양다리를 마음껏 흔들어댔다. 하늘을 나는 천사처럼 말이다.

하얗게 쌓인 눈 위를 발자국으로 빈틈없이 채운 뒤에야 우리는 집으로 돌아갔다. 그제야 추위에 꽁꽁 언 귀와 꼿꼿하게 굳어버린 발이 아파 동동거렸다.

어른이 된 지금도 나는 때로 쏟아지는 눈이 여전히 반갑다. 눈이 많이 와 출근을 할 수 없는 날이면 집에서 보글보글 끓는 수프 한 그릇과 함께 한가로운 시간을 보낸다. 그리고 집 앞의 눈을 치워내면서 또 다른 추억을 만들고 있는 동네 아이들의 모습을 멀리서 지켜본다. 하얀 눈이 온 세상을 덮은 날에는 내 주위에 있는 모든 것이 멈춰버린 것만 같다. 그토록 숨 가쁘게 흘러가던 시간도, 조바심을 내던 사람들도, 앞만 보고 달리던 자동차도 좀 느긋해지는 것만 같다. 그리고 누군가 내 귓가에 이렇게 속삭이는 것만 같다.
 '잠시 바쁜 걸음을 멈추고 네 눈앞에 펼쳐진 이 아름다운 자연을 만끽하렴.'

—마리 실베스터

영혼의 영원한 안식처 자연

의사들은 산책이 당신의 건강에 도움이 된다고 말할 것이다. 하지만 산책을 즐기는 사람들은 이것이 당신의 영혼에 도움이 된다고 말할 것이다.

— 새넌 샌커

거꾸로 보는 세상

그래서 우리는 다시 태어날 때 새로운 눈을 가지고 와서
온 세상을 새롭게 바라보는 것이다.
랄프 월도 에머슨

그동안 모든 일에 신념을 가지고 살아왔노라고 자부하는 나였다. 하지만 이 순간, 바닥이 드러난 강에 세워진 200미터 높이의 육중한 강철 탑에 오르고 있는 어이없는 내 모습을 어떻게 설명해야 할지 도무지 알 수가 없었다.

아직 시차 적응이 안 돼서 현기증이 나는 데다, 허공을 가르며 끝도 없이 날던 비행기가 뉴질랜드 남섬 외곽을 향하고 있다는 사실도 모른 채 얼떨결에 이곳에 도착한 까닭에 사실 이 탑의 높이가 얼마나 되는지 감도 잡히지 않는 터였다. 방금 들었던 주의 사항도 무시한 채 나는 금속으로 만들어진 사다리를 뛰듯이 올라갔다.

이른 봄날 오후는 참으로 상쾌하고도 청명했다. 언젠가 이곳에도 강물이 흘렀을 것이었다. 오랜 세월 이곳을 흘러간 강물에 패어 이렇

게 깊은 골짜기를 이룬 것이 분명했다. 하지만 내가 거꾸로 뛰어내릴 저 강바닥에는 이제 물 한 방울 남아 있지 않았다. 갑자기 쌀쌀해진 날씨 탓에 가져온 옷이란 옷은 다 껴입었는데도 숨을 쉴 때마다 차가운 바람에 온몸이 얼어붙는 것만 같았다. 순서를 기다리는 동안 나는 번지점프 안전요원들이 끔찍하게 긴 고무끈을 준비하고 있는 다리 위를 거만하게 걸어 다녔다. 다리 아래에서는 기분 나쁘게 생긴 바위들이 나를 향해 잔뜩 입을 벌리고 있었다.

내 앞에서 차례를 기다리고 있는 젊은이 둘은 어제 너무 떨려 뛰어내리지 못해서 오늘 다시 도전하는 것이라고 했다. 두 사람은 겁에 질려 창백한 얼굴로 서로 손을 꼭 잡고 기도문을 외고는 끝이 보이지 않는 곳을 향해 뛰어내렸다. 줄 끝에 몸을 매단 이들이 공중에서 이리저리 꿈틀댔다. 마치 낚싯줄에 매달린 물고기처럼 말이다.

이제 내 차례였다. 나는 품위를 잃지 않으려 애썼다. 덩치 큰 사내 둘이 내 발목에 끈을 단단히 고정하자 숨이 막혀왔다. 갑자기 배도 아픈 것 같았다. 나는 심호흡을 하며 정신을 가다듬었다. 갑자기 거세진 바람이 다리의 강철 뼈대 사이를 지나며 휘파람 소리를 냈고 가는 빗줄기가 후두둑 얼굴에 떨어졌다. 나는 다리 위에 놓인 널빤지의 끝에 가서 지평선을 바라보고 섰다. 창공에 우뚝 솟은 눈 덮인 산의 정상이 눈부셨다. 나는 몸이 흔들리지 않도록 단단히 힘을 주었다. 그 순간 내가 왜 이토록 높은 곳에서 몸을 내던지려 하는지 그 까닭을 말로 할 수는 없었지만 한 가지만은 분명했다. 한 달 전 마흔 번째 생일을 맞은 내게는 뭔가 새로운 도전이 절실했다. 그리고 뉴질랜드의 장엄한 자연이 이를 가능하게 해주기를 간절히 바라고 있었다.

그동안 나만은 영원히 늙지 않으리라 생각했다. 그래서였을 것이다. 사실 나는 마흔 살 이후의 삶을 진지하게 생각해본 적도 없었다. 어쩌면 애써 외면했는지도 모른다. 어쨌거나 지난달, 나는 마흔 살이 되었다. 하지만 내가 마주한 것은 불확실한 미래를 가진 중년의 사내였다. 불안했다. 그 누구도 피할 수 없는 죽음이라는 것이 인생의 끝에 떡 하니 버티고 서 있다는 사실을 믿고 싶지 않았다. 나는 이를 악물고 발끝으로 서서 숨을 한 번 깊게 들이쉬고는 저 먼 곳을 향해 뛰어내렸다.

나의 비행은 길지 않았지만 그 짧은 순간 지상과 나를 연결하던 모든 것에서 자유로워질 수 있었다. 중력과 질량, 그리고 내일에 대한 걱정 같은 것에서 말이다. 한껏 자유로워진 나는 나를 둘러싼 풍경 속에서 두 팔을 펴고 날았다. 어디선가 보이지 않는 천사가 나지막이 내 이름을 부르는 것만 같았다.

바로 그때, 발목에 매어둔 끈이 위에서 나를 잡아당겼다. 모든 뼈마디가 늘어나는 것만 같았다. 누군가의 환한 웃음소리가 들렸다. 구름 한 조각이 어렴풋이 눈에 들어왔다. 나는 몇 번이고 출렁이며 이리저리 흔들리다가 마침내 발목을 위로 한 채로 멈춰 섰다. 천천히 강바닥의 모습이 눈에 들어왔다. 거꾸로 보는 세상 속에서는 두 팔을 쭉 뻗어 손을 내미는 일이 조금도 어렵지 않았다. 하늘이 있던 그곳에 단단한 땅이 있었다. 그리고 땅이 있던 곳에는 끝없이 파란 하늘이 있었다. 그렇게 나는 하늘에 두 다리를 뻗고 서 있었다. 모든 것이 새로웠다. 모든 세상이 나를 기다리고 있는 것만 같았다. 고무끈 하나에 생명을 온전히 내맡긴 채로 이리저리 흔들리며 세상을 거꾸로 바라보던 바로 그 순간, 무엇이든 다시 시작할 수 있다는 용기가 내 안에서 그렇게 용솟음치고 있었다.

—저메인 W 쉐임스

이 세상 가장 높은 곳에 서서

다시 역경을 딛고 일어서는 인간의 정신력에 견줄 만한 것이
저 끝없이 펼쳐진 풍경 말고 또 있을까?
T. A. 배런

　브레인이 활강할 때, 하얀 눈이 밝은 태양 아래서 눈부시게 반짝였다. 노란색 파카를 입은 덕분에 같은 길을 내려오는 아이들 사이에서 아들 녀석은 단연 눈에 띄었다. 작년에 이어 두 번째로 스키 캠프에 참가한 브레인은 그야말로 물 만난 고기처럼 스키장을 누볐다. 함께 온 열두 살 아이들과 다를 것 없이 말이다.
　남편 주드와 나는 눈 덮인 완만한 슬로프를 함께 타고 올라가면서 아들의 이름을 크게 불렀다. 자신의 이름을 듣고 뒤를 돌아본 브레인은 우리를 보고서 밝게 웃었다. 이른 아침의 차가운 공기를 가르며 멋들어지게 슬로프를 내려갈 자신의 모습을 우리가 위에서 지켜보리라는 사실에 기분이 좋아진 것이었다. 하지만 뭔가 잘못되었음을 깨달은 아들 녀석의 표정이 금방 어두워졌다.

병원에서 검사를 받은 지 이제 고작 스물네 시간, 그리고 담임선생님이 수업시간 중에 자꾸만 책상에 엎드리는 아들을 발견한 지 몇 주가 지났을 뿐이었다. 그때 우리도 아들 녀석의 등이 부풀어 있다는 사실을 눈치 챘다. 병원에서는 하루저녁 아들의 상태를 지켜보자고 했다. 하지만 브레인은 눈물이 그렁그렁한 눈으로 화를 냈다. 그렇게 되면 친구들과 함께 스키 캠프에 갈 수 없기 때문이었다. 벌써 오래 전부터 그날이 오기를 손꼽아 기다려온 터라 실망이 클 수밖에 없었다. 하지만 아들을 산에 오르게 내버려두었다가 넘어지기라도 하면 부풀어 오른 비장이 터져서 죽을 수도 있다고 의사는 말했다. 그때까지도 우리는 아들이 백혈병에 걸렸다는 사실을 알지 못했다.

스키장에서 돌아오는 길에 브레인은 내 무릎에 머리를 기댄 채 잠이 들었다. 우리가 병원으로 향하고 있다는 사실을 알고 있었지만, 아들 녀석은 너무 지친 상태였다.

늘 자연과 함께하는 것을 좋아했던 브레인은 열 살 무렵 '새끼 칠면조 모임'의 최연소 회원이 되었다. 그리고 그렇게 바라던 자신의 칠면조를 가질 수 있었다. 아들 녀석이 제대로 우는 법을 가르친다며 시간이 날 때마다 칠면조 옆에 붙어 있는 바람에 우리도 덩달아 끊임없이 울어대는 칠면조들과 함께 많은 시간을 보내야 했다.

겨우 여섯 살이 되었을 때, 아들 녀석과 남편은 브레인 또래의 사내아이들과 함께 짐을 꾸려 낚시를 떠났다. 야영지에 도착한 이들은 낚시 장비들 챙겨들고 그림 같은 호수로 달려갔다. 그리고 저녁 식사로 부족하지 않을 연어를 낚아 올렸다. 나는 아들을 대견해 하는 아버지 옆에 잔뜩 폼을 잡고 선 브레인의 모습을 사진에 담았다.

　브레인의 첫 번째 항암치료가 끝나고 일주일이 지났을 때 친구 몇 명이 우리를 왁자한 소풍에 초대했다. 맛있는 점심을 먹은 후에 열네 살 난 딸 리사와 친구들은 전부터 벼르던 정상을 향해 산을 오르기로 결심했다. 그러자 다른 사람들도 너나 할 것 없이 이들과 함께 길을 나섰다.

　원반던지기 놀이를 하느라 정신없었던 브레인은 뒤늦게야 우리들이 산을 오르기 시작했다는 사실을 알았다. 혹시라도 따라나선다고 하면 아무래도 무리일 것 같아서 아들 녀석에게는 우리의 계획을 미리 말하지 않았던 것이다. 굽이굽이 참으로 아름다웠지만 결코 만만치 않은 산행이어서 오르는 중간 중간 숨을 고르기 위해 잠깐씩 쉬어 가야 했다. 드디어 정상에 올랐을 때 기어이 해냈다는 생각에 가슴이 벅차올랐다. 정상에서 내려다본 풍경은 한마디로 놀라웠다. 장난감처럼 작은 자동차와 소풍 나온 사람, 성냥갑만한 집들이 우리들 발 밑에 옹기종기 모여 있었다. 조금 전까지 저렇게 작은 세상 속에서 울고 아파했다는 사실이 도무지 믿어지지 않았다. 나는 브레인을 찾아보았다. 하지만 아들의 모습은 어디에도 보이지 않았다. 남편도 벌써 산 중턱을 지나고 있었다. 남편에게 함께 산에 오르자고 하지 말았어야 했다. 나는 아들을 저 산 아래 혼자 남겨두고 말았다.

　그때, 산 중턱에서 좀 못 미친 곳에서 브레인이 입고 있었던 밝은 색 셔츠를 발견했다. 아들은 혼자서 천천히 산을 오르고 있었다. 혼자 산 아래 남아 있지 않기로 결심한 것이 분명했다. 다른 사람들이 모두 산에 오를 수 있다면, 자신도 오를 수 있다고 말이다.

나는 마음속으로 간절히 기도했다. 혹시라도 힘없는 다리가 미끄러져 넘어지는 일이 없기를 바랐다. 모두들 한 마음으로 조금씩 정상에 가까워지고 있는 브레인을 응원했다. 이제 미끄러운 바위가 많은 지역을 남겨두고 있었다. 아들이 미끄러운 바위 위에서 걸음을 옮길 때마다 숨이 멎는 것만 같았다. 신고 있는 신발이 등산화가 아니어서 더욱 걱정이 되었다. 하지만 브레인은 차분히 그리고 흔들림 없이 걸음을 내딛었다.

얼마나 힘들었을지 상상할 수도 없지만, 우리 아들은 14개월간의 치료를 잘 견뎌냈다. 그렇게 천천히 하지만 확신에 찬 걸음으로 또 하나의 산을 정복했다. 물론 가족들과 친구들의 열렬한 응원 속에서 말이다.

열세 번째 생일을 8일 남겨두고 아들 녀석은 세상을 떠났다. 하지만 우리는 브레인이 다음 번 산을 정복한 것이라 생각하려 애쓴다. 그렇게 세상 가장 높은 곳에 서서 아픔도 슬픔도 모두 저 멀리 떠나보낼 수 있기를, 그리고 곁에는 항상 우리가 있음을 잊지 않기를 오늘도 기도한다.

—다이앤 그래프 코니

캐시

> 아무것도 요구하지 않고, 그저 모든 것을 받아들이고, 숨 쉬고, 존재하는 것.
> 이것이 바로 그녀가 주변을 둘러싼 모든 것과 완벽한 조화를 이룬 방법이다.
> 여기에서 그녀의 작은 행복이 시작되었다.
> **카운테스 반 아르님**

빨강머리 소녀가 있었다. 그녀는 자신의 가족과 고양이, 붉은꼬리매, 할머니 부엌 창문 너머 다람쥐 구경하기를 아주 좋아했다. 그리고 무엇보다도 말을 사랑했다.

내 딸 캐시는 그런 아이였다. 게다가 언제나 에너지가 넘쳤다. 어릴 적엔 자신이 '세상에서 가장 근사한 말'이라며 온종일 부엌에 있는 빗자루며 의자 위를 펄쩍펄쩍 뛰어다니기도 했다.

지금도 출퇴근을 하자면 캐시가 승마를 시작한 마구간을 지나게 된다. 아침에는 늘 허둥대느라 생각할 겨를이 없어 괜찮지만 집으로 돌아오는 길에는 뽀얗게 일어난 먼지 속에서 점프를 연습하고 있는 캐시의 목소리가 귓가에 울린다.

"딱 한 번만 더요, 아빠. 그리고 정말 그만할게요. 약속해요!"

그리고 캐시를 마구간에서 데리고 나와 집으로 향하기까지 걸렸던 그 긴 시간도 떠오른다. 딸아이는 한번도 어김없이 모든 말을 어루만지고 쓰다듬고, 인사를 건네고, 먹이를 먹이고, 눈을 맞추며 바라보고, 칭찬했다. 그렇게 자신의 사랑을 전했다.

캐시와 동물들 사이에는 언제나 무언의 대화가 오갔다. 캐시가 가장 아끼던 말 엘모는 마치 무슨 끈이라도 매어둔 것처럼 늘 캐시 옆에 바짝 붙어 따라오곤 했다. 엘모는 알고 있었다. 캐시가 이것을 아주 좋아한다는 사실을 말이다.

1995년 6월, 캐시가 중학교를 졸업했다. 우리는 모두 흥분에 들떠 있었지만 캐시는 내심 섭섭해 하는 것 같았다.

두 달이 지나고 8월이 되자 캐시는 또다시 승마 수업을 준비했다. 평소처럼 매일 오후 사랑하는 말과 함께 시간을 보낼 계획을 세워두고 잔뜩 들떠 있던 캐시가 말먹이를 준비하다가 어깨 통증을 호소했다. 수업을 받는 중에도 엄마에게 다가와서 통증이 더 심해졌고 너무 피곤하다고 털어놓았다. 아내 산드라는 수업을 좀 일찍 마치자고 했지만 캐시는 수업을 모두 마치고 말을 마구간에 넣은 뒤에야 병원으로 갔다.

여러 검사 결과 어깨 통증은 악성종양으로 인한 폐 이상 때문으로 밝혀졌다. 그리고 순식간에 화학치료와 수술, 두려움이 무자비하게 우리를 휩쓸고 지나갔다. 마음의 준비를 할 틈도 주지 않은 채 말이다.

게다가 얼마 지나지 않아 캐시가 그토록 아끼던 엘모를 잃고 말았다. 1995년 크리스마스였다. 순식간의 일이라 손쓸 틈도 없었다. 3일간의 화학치료를 마치고 집으로 돌아온 캐시는 이 소식을 듣고 눈물만 뚝뚝 흘렸다. 그리고 소중한 추억을 선물해준 자신의 소중한 친구에게 깊은 고마움을 전했다.

캐시는 온 힘을 다해 병마와 싸웠지만 암은 호전될 기미를 보이지 않았다. 다음 달에는 방사선치료와 골수이식을 포함한 큰 수술, 고농도의 화학치료가 예정되어 있었다. 엄청나게 큰 말의 등 위에 단번에 올라 장애물을 훌쩍 뛰어 넘을 만큼 건강하고 힘이 넘쳤던 딸아이가 이제는 컵 하나도 제대로 들지 못했다. 반복된 화학치료로 손끝 하나 움직일 수 없을 만큼 쇠약해진 것이었다. 그런 캐시의 모습을 지켜보고 있자니 정말 가슴이 찢어지는 듯 아팠다.

이듬해 8월, 이식 수술 후 오랜 격리치료를 마친 캐시가 집으로 돌아왔다.

캐시는 성성한 머리칼을 휘날리며 쉴 새 없이 얘기했다.

"지금 이러고 있을 때가 아니야. 얼른 마구간에 가봐야지."

고양이를 다시 품에 안자 캐시의 얼굴에 미소가 돌아왔다. 그리고 집에서 키우는 레드라는 말을 타고 오솔길을 걸었다. 마음속 얘기를 나눌 상대가 필요했던 것이다.

그해 가을, 캐시는 고등학교에 입학했다. 일주일에 한두 번 학교 가는 것도 벅찬 일이어서 나머지 수업은 가정교사와 함께 집에서 해야 했지만 캐시는 정말 열심히 공부했다. 머리카락도 다시 자라났다. 예전처럼 숱이 많지는 않았지만 여전히 아름다운 빨강머리였다. 캐시는 다시 자신 앞에 펼쳐진 미래를 설계하기 시작했다.

10월에 사람들의 작은 소망을 들어주는 지역 단체에서 일하는 라우라가 우리를 찾아왔다. 그녀는 난관을 훌륭하게 이겨낸 것을 축하하는 의미에서 캐시의 소원 한 가지를 들어주고 싶다고 했다.

하지만 캐시는 그녀에게 또박또박 얘기했다.

"지금 이대로 행복한걸요. 너무 어려서 자기 힘으로는 소원을 이루기 힘든 꼬마아이들의 소원을 들어주세요. 저보다 더 필요한 아이들에게 양보할래요."

하지만 라우라는 캐시에게도 충분히 자격이 있다고 다시 한번 강조했다.

몇 주 동안 고심한 끝에 캐시가 소원 한 가지를 골랐다. 유수의 경마대회를 일등석에서 보는 것이었다. 마침 그해 경기가 막 끝난 뒤라 우리는 1997년 9월 경기를 보러 가기로 했다.

캐시는 마냥 들떠서 내년 여행을 벌써 준비하기 시작했다. 누구와 함께 가고, 누구를 만나고, 어디에 가볼지 계획을 세우느라 즐거운 고민에 빠졌다. 마음속에 소망을 품는다는 것은 그것만으로도 정말 근사한 일이다.

하지만 1월이 되자 우리들의 행복했던 세상이 또다시 송두리째 흔들리고 말았다. 암이 재발한 것이었다. 재발한 암은 더욱 맹렬한 기세로 캐시를 몰아세웠다. 하지만 이미 강도 높은 화학치료를 받았던 터라 더 이상 손써볼 도리가 없었다.

캐시의 상태는 급속도로 악화되었고 통증을 견디기 위해서는 모르핀 주사를 맞아야 했다. 그런 와중에도 캐시는 2월 19일 열여섯 번째 생일을 맞았고 몇 주 뒤에는 운전면허도 땄다. 캐시는 이 모든 것을 아주 뿌듯하게 생각했다. 우리는 속도위반으로 걸렸을 때 팔에다 아편과 성분이 같은데다 중독성이 있는 모르핀 주사를 맞고 있는 이유까지 설명하려면 땀깨나 흘려야겠다며 한참을 웃었다.

   시간이 갈수록 캐시가 9월에 여행하는 것이 쉽지 않으리라는 생각이 커져만 갔다. 라우라는 아직 여행이 유효하다는 사실을 몇 번이나 강조했지만 정말 어려운 경우에는 두 번째 소망으로 꼽았던, 영화배우 로지 오도넬을 만나는 일을 성사시킬 수 있다고 했다. 그것도 아주 빠른 시간 내에 말이다.

   뉴욕에서 로지를 만난 일은 캐시에게 아주 근사한 추억으로 남았다. 지난 몇 달 동안 겪은 고통과 두려움, 그리고 처절했던 순간들이 아득히 멀게만 느껴졌다. 그곳에는 만나야 할 의사도, 예정된 혈액검사도, 방사선치료도, 문득문득 현실을 깨닫게 하는 그 어떤 것도 존재하지 않았던 것이다. 열여섯 소녀의 환한 미소가 주말 내내 온 도시를 밝게 비췄다.

   그토록 애썼지만 병마는 끝내 딸을 놓아주지 않았다. 몇 달 뒤 어느 날 아침에 잠에서 깬 캐시가 힘겹게 산소마스크를 빼더니 쓰러지듯 엄마 품에 안겼다. 그리고 참으로 오랫동안 자신을 괴롭히던 고통에서 영원히 자유로워졌다. 우리는 너무나도 놀라고 당황했지만 자신을 기다리고 있을 엘모에게 가려고 걸음을 좀 서두른 것일지 모른다고, 그렇게 캐시의 마음을 헤아리려 애썼다.

이번 겨울에 캐시는 단풍나무 아래 앉아서 새모이를 줄 수도, 말의 콧등을 쓸어줄 수도 없을 것이다. 하지만 우리는 알고 있다. 우리가 알았던, 사랑했던, 그리고 여전히 너무나도 사랑하는 캐시는 날마다 우리와 함께 있다는 사실을 말이다. 현관 흔들의자에 앉아 속삭이던 추억 속에, 길이 잘 든 말안장의 냄새 속에, 그리고 집 앞 방목장을 거니는 말의 기분 좋은 울음소리에 언제나 캐시의 환한 미소가 묻어 나는 까닭이다.

—브라이언 보너

제니와 걷는 길

사랑은 그것만으로도 가장 아름다운 것이다.
루이자 메이 앨콧

　밤새 내린 눈은 로키 산맥의 모습을 완전히 바꾸어놓았다. 창밖으로 보이는 전나무들은 온통 하얀 눈가루로 덮여 있었다. 앙상한 미루나무에 몸을 숨긴 까마귀의 눈썹도 하얗게 변했다. 녀석에게는 아무래도 땅콩을 좀 가져다주어야 할 것 같았다. 목청껏 울고 있는 박새와 참새 옆에서는 긴 귀와 검은 꼬리를 가진 수사슴 두 마리가 풀을 뜯어 먹으며 허기진 배를 달래고 있었다. 숲을 감쌌던 안개가 서서히 움직이자 어디선가 예쁜 요정들이 나타날 것만 같았다.
　이토록 아름다운 아침을 조카 제니와 함께 맞을 수 없는 것이 못내 아쉬웠다. 다섯 살배기 꼬마 숙녀는 자연 속에서 산책하는 것을 무척이나 좋아했다.
　제니는 내게 이렇게 묻곤 했다.

"척 삼촌, 우리 식물 채집하러 갈까?"

그러면 우리는 함께 밖으로 나갔다. 눈이 오나 비가 오나 할 것 없이 말이다.

제니의 남동생 폴도 '식물 채집'에 열광했지만, 이유는 달랐다. 녀석에게 주변의 풍경을 읽어내는 연습은 책에서 본 것을 눈으로 직접 확인하고 새로운 것을 발견할 수 있는 크나큰 기회였다. 그런 까닭에 폴은 세 살 무렵 벌써 나무 이름을 제법 많이 구별해냈다.

하지만 제니에게 자연 속에서 산책하는 것은 사랑해주어야 할 새로운 생명들을 만나는 것을 의미했다.

언젠가 작은 아기별꽃 옆에 쪼그리고 앉은 제니가 내 눈을 지그시 쳐다보며 말했다.

"난 아기별꽃이 정말 좋은데, 만져 봐도 괜찮을까?"

내가 고개를 끄덕이자 제니가 고사리 손을 뻗어 꽃을 부드럽게 쓰다듬었다. 꼬마 숙녀의 얼굴에 미소가 떠올랐다. 그리고 몸을 더 낮춰서는 꽃에 살짝 입을 맞췄다.

숲 속에서 제니와 함께 걷는 것은 채집이 아니라 새로운 만남을 위한 것이었다. 우리는 마주치는 모든 것과 친구가 될 수 있었다.

소나무, 단풍나무 열매, 여우다람쥐, 토끼풀, 거미줄 그리고 달팽이와 같이 숲에서 만난 모든 것에서 우리는 더 할 수 없는 기쁨을 맛보았으며 이에 대해 감사하는 마음을 담아 따스한 포옹과 다정한 인사를 건넸다.

세상 물정에 눈을 뜬 어른이었기에 나는 잘 알고 있었다. 아름답게

만 보이는 자연 속에서도 치열한 전투가 벌어지고, 끝없이 이어지는 생과 사의 갈림길에서 살아남기 위한 몸부림이 이어지며, 그러는 가운데 아무도 슬퍼하지 않는 죽음과 아무도 축복하지 않는 탄생이 반복된다는 사실을 말이다. 하지만 제니와 함께 산책할 때면 이런 사실을 모두 잊곤 했다. 제니가 작은 손짓이나 행복을 담은 나지막한 노랫소리로 마술사의 유리구슬처럼 둥그렇게 부풀어 오른 민들레 홀씨를 어루만지는 모습을 본 사람이라면 누구라도 그러했을 것이다. 한쪽 발끝을 곧게 세우고 한바퀴 빙그르 돌려고 준비하는 발레리나처럼 여름 대기 속으로 터져 오르는 민들레 홀씨는 나로 하여금 다시 아이의 눈으로 세상을 바라보게 하기에 충분했다.

그 꼬마 숙녀가 자동차 사고로 우리 곁을 떠난 지 5년이 흘렀지만, 나는 아직도 제니와 함께 산책을 하려고 애쓴다. 그러면 전보다 좀 더 어둡고 쓸쓸하게 느껴지는 숲도 동화 속 아름다운 나라가 되고, 차갑기만 한 고드름도 달콤한 막대사탕이 되며, 먹이를 찾아 바쁜 걸음을 옮기던 다람쥐도 잠시 걸음을 멈추고 내게 밝은 미소를 보낼 테니 말이다.

제니와 함께 걸으면, 내가 발을 내딛는 모든 세상을 사랑하게 되는 것이다.

― 찰스 도르쉬

진정한 어른이 된다는 것

> 사랑이란,
> 세상을 살아가는 이들의 인생 속에 녹아 흐르는
> 한 줄기 강물과도 같은 것이다.
> **헨리 워드 비처**

아이들은 여러 계기를 통해 어른으로 거듭난다. 작지 않은 키에 짧은 곱슬머리, 그리고 동그란 안경을 쓴 열두 살배기 내 아들 피터에게 그 계기는 다름 아닌 바다 카약(에스키모 인이 사용하는 작은 배) 여행이었다. 카약 여행은 우리 두 사람 모두에게 전에 없었던 크나큰 모험이었다. 이 모험에서 피터는 1인용 카약을 혼자 힘으로 탈 수 있기를, 그리고 나는 아들 녀석의 이러한 도전을 선선히 허락할 수 있기를 빌었다.

피터는 하나뿐인 자식이었다. 아이 아빠와 나는 피터가 다섯 살 때 이혼했다. 게다가 헤어지는 과정 또한 원만하지 못했다. 멀리 떨어진 곳에서 살고 있는 까닭에 아이 아빠는 시간이 나야 피터를 보러 온다. 내 아들이 엄마와 아빠의 사랑을 모두 받으며 자랄 수 있기를 바랐지만 우리의 현실은 그렇지 못했다. 이혼 뒤에 나는 한 인간으로서 그리고 어머니로서 실패했다는 느낌을 떨쳐버릴 수 없었다. 그러던 어느 날, 피터의 유치원에서 전화 한 통이 걸려왔다. 피터의 선생님은 아들에게 상담치료가 필요하다고 말했다. 그 뒤로 내 실패한 인생이 아들에게까지 이어지고 있다는 생각에 도무지 잠을 이룰 수가 없었다.

내가 이미 한번 허물어진 가정이라는 울타리를 지키려고 안간힘을 쓰며 버티는 동안 피터는 온몸으로 부딪혀 이를 무너뜨리면서 자신의 힘을 시험하고 있었다. 피터가 자신이 안전하다는 것을 다시 확인하는 데에는 상당히 오랜 시간이 걸렸다. 피터가 내게, 그리고 내가 내 자신에게 신뢰를 회복하는 데에도 그에 버금가는 시간이 필요했다. 그러는 동안 점차 내가 내린 결정이 한 인간으로서 그리고 한 아이의 어머니로서 바른 선택이었으며, 이별이 모든 것의 끝이 되어서는 안 된다는 사실을 깨달아갔다. 분명 어떤 경우에는 헤어짐이 최선의 선택이 될 수도 있으며 또 다른 시작이 될 수도 있는 것이었다.

사람들은 내게 말했다. 놓아주라고. 하지만 결코 쉬운 일이 아니었다. 더구나 하루가 다르게 자라는 아들을 둔 어머니에게 특히나 어려운 일이었다. 좋은 엄마가 되기 위한 길을 찾아가던 중에 나는 알게 되었다. 무언가 아주 중요한 것 하나가 빠졌다는 사실을 말이다.

모험이 3일째로 접어들던 아침, 나는 노르웨이 해에 자리 잡은 작은 섬의 노란 텐트 안에서 눈을 떴다. 하지만 내 잠을 깨운 것은 눈부신 아침 햇살이 아니었다. 이곳이 노르웨이 북부 북극권 위쪽에 속하는 까닭에 여름이면 밤에도 해가 지지 않았다. 나를 깨운 것은 아들의 냄새였다. 녀석의 머리카락에 배어 있는 알싸한 모닥불 연기와 피부에 발라둔 매콤한 모기약, 어젯밤에 벗어둔 옷가지며 양말에 말라붙은 향긋한 땀이 어우러진 묘한 냄새가 코끝을 간질였던 것이다.

눈을 떴을 때 텐트 안쪽 벽에는 이슬이 잔뜩 맺혀 있었다. 자는 동안 우리가 내뿜은 숨에 들어 있던 수증기들이 모여서 작은 물방울이 된 모양이었다. 옷을 입으려고 몸을 움직이자 이슬이 비처럼 쏟아져 내렸다.

놀란 피터가 벌떡 일어나 앉았다. 벌써 제법 높이 떠오른 태양이 서쪽에다 우리 그림자를 늘어뜨리고 있었다. 텐트 안은 참기 힘들 정도로 더웠다. 신선한 공기가 절실했던 우리는 약속이라도 한 듯이 동시에 텐트 입구 지퍼로 손을 뻗었다.

아직 제대로 눈도 못 뜬 채 아들 녀석이 말했다.

"내가 할게요, 엄마."

하지만 지퍼는 걸려서 꼼작도 하지 않았다. 그러자 내 안의 또 다른 내가 이렇게 말했다. '어서 다가가'라고 말이다. 그리고 어떻게 하면 걸린 지퍼를 풀 수 있는지 방법을 일러주라고 말이다. 하지만 나는 마음을 다잡고 뒤로 물러나 앉았다. 그리고 목까지 올라오는 말을 꿀꺽 삼켰다. 잠시 후에 피터는 혼자 힘으로 멋지게 지퍼를 풀었다. 그리고 우리는 정말 신선한 아침 공기를 가슴 가득 마실 수 있었다.

우리는 팀의 인솔자인 팀과 레나, 그리고 다른 일곱 명의 참가자들과 함께 출발했다. 모두들 열심히 잘 해나가고 있었을 뿐만 아니라 자연 그대로의 모습을 간직한 이 아름다운 땅과 바다를 볼 수 있다는 사실에 감사하고 있었다. 우리는 노를 젓다가 잠시 멈추고 하늘에 닿을 듯이 솟아 있는 산들이 바다와 맞닿아 있는 곳에 무성하게 자란 연두색 풀과 풀이 만들어내는 부드러운 푸른 바닷길을 바라보곤 했다.

어제까지는 팀이 자신의 2인용 카약에 피터를 데리고 탔었다. 하지만 오늘 출발하기에 앞서 팀이 피터에게 일렀다.

"피터, 오늘은 혼자 타는 거야. 준비되면 저기 있는 노란색 카약을 가져오렴."

피터는 재빠르게 움직였다. 고무로 만들어진 카약용 옷을 입고 나서 그 위에 구명조끼를 단단히 조였다. 나는 조금 앞으로 나와서 피터의 모습을 말없이 지켜봤다. 카약에 오르기 전에 녀석이 나를 바라보더니 물었다.

"제가 돌아올 때까지 이것 좀 보관해주시겠어요?"

그리고 피터가 땀에 젖은 손 안에 꼭 쥐고 있던 하얀 조개껍데기와 매끄러운 검은 조약돌, 바다 독수리가 떨어뜨리고 간 갈색 깃털을 내게 건넸다. 나는 아들의 보물을 두 손으로 소중히 감쌌다.

피터 혼자서 배를 타고 섬을 한바퀴 도는 첫 번째 시도는 적어도 한 시간은 걸릴 터였다. 팀과 두어 사람이 피터의 뒤를 따랐다. 그들이 돌아오면 모두들 오늘 밤을 보낼 등대를 향해 또다시 노를 저어가기로 되어 있었다.

팀이 모래 위에 올려다 놓았던 피터의 카약을 바다로 밀었다. 타고 있던 아들 녀석이 조심스럽게 노를 몇 번 저어서는 뱃머리를 돌려 바다로 향하게 한 뒤에 잠시 멈춰 서서 다른 사람들이 카약을 띄우기를 기다렸다. 무명으로 된 챙이 넓은 모자 아래로 열심히 쳐다보면서 말이다.

아들에게는 아직 모든 것이 너무나도 커보였다. 웃옷의 소맷자락은 너무 길어 손목에서 잔뜩 주름이 잡혀 있었고, 짙은 오렌지색 구명조끼는 너무 커 앞뒤에서 아들 녀석을 잡아당기고 있었다. 구부정하게 앉은 까닭에 키마저 더 작아 보였다.

"조심하렴. 다른 사람들 놓치지 않게 잘 따라가고."

나는 이렇게 말하고 싶었다. 그동안 수도 없이 말해왔듯이 말이다. 하지만 그동안 힘들어했던 아들의 모습이 주마등처럼 스쳐 지나갔다. 그랬다. 지금 내가 해야 할 일은 아들에게 신뢰를 보여주는 것이었다.

나는 그저 환하게 미소 지었다.

그러자 아들 녀석도 환하게 미소 지었다.

이윽고 하얀색으로 끝을 색칠한 카약의 노가 아래위로 힘차게 움직이며 물보라를 일으켰다. 한 무리의 갈매기 떼가 물 위를 날고 있는 것만 같았다. 그리고 모두들 안전한 작은 만을 향해 미끄러지듯 이동했다. 나는 계속 손을 흔들며 그 자리에 서 있었다. 하지만 피터는 한 번도 뒤를 돌아보지 않았다. 나는 두려웠다. 언젠가 아들 녀석이 작별인사 한마디도 없이 내 곁을 떠나버릴까봐 너무나도 두려웠다.

개빙지역(떠다니는 얼음이 수면의 10분의 1인 지역)에 도착하자 배들이 오른쪽으로 방향을 틀었다.

나는 여전히 손을 흔들고 있었다. 물론 아들 녀석에게서는 아무 대답도 없었다.

짙은 군청색 배가 해안을 향해 방향을 틀었다. 갑자기 피터가 자신의 노를 머리 위로 번쩍 들어서는 위아래로 흔들어댔다. 그렇게 자신의 승리를 축하하고 있었다. 두어 번 더 노를 저은 후에 아들 녀석의 배가 다시 시야에서 사라졌다.

내 발가락 사이로 바닷물이 부드럽게 일렁거렸다. 근사한 조개껍질과 매끄러운 조약돌, 부드러운 깃털 하나를 손에 꼭 쥔 채 바닷가에 홀로 서 있는 내 마음은 어느 때보다도 평온했다. 그리고 마침내 나는 저 바다 건너, 또 다른 시간 속에 살았던 작은 사내아이와 그 어머니의 오래된 아픔을 떠나보낼 수 있었다. 그 모든 것을 이겨낸 그들의 용기에 따스한 미소를 보낼 수 있었다.

—제니퍼 올슨

지상의 낙원

> 언제 동이 틀지 알 수 없는 까닭에, 나는 항상 모든 문을 열어놓는다.
> **에밀리 디킨슨**

그렇게 포근한 11월은 처음이었다. 온화한 기온과 부드러운 산들바람이 우리의 온몸을 감쌌다. 매서운 겨울을 앞두고, 하늘이 미시간(미국 중북부의 주)의 한랭지대에 살고 있는 우리들에게 특별한 선물을 주는 것만 같았다. 나는 친구 릭과 함께 집 근처 오솔길을 산책하고 있었다. 얼마 전에 수확한 옥수수며 아직도 떨어지지 않은 단풍잎에 대한 얘기를 나누면서 말이다.

갑자기 릭이 걸음을 멈췄다.

그리고 들뜬 목소리로 이렇게 말했다.

"이봐! 괜찮으면 우리 미시간 호수로 드라이브 갈까?"

내 표정이 금방 환해졌다. 내게 '그 드넓은 호수'가 어떤 의미를 갖는지 그는 잘 알고 있었다. 그리고 내 친구에게도 같은 의미를 가졌다. 호수의 일렁이는 물결은 생각하는 것만으로도 언제나 우리 두 사람의 마음을 두근거리게 했다. 우리는 집으로 달려가 참치 샌드위치와 감자튀김으로 도시락을 싸고 포근한 겉옷을 하나씩 집어 들고 나왔다. 그리고 자동차로 30분 거리에 있는 서쪽 호숫가로 향했다.

한쪽에 차를 세운 우리는 먼저 가져온 겉옷을 걸쳤다. 아무리 포근한 날씨라 해도 호수에서 불어오는 바람은 제법 쌀쌀할 것이 분명했다. 우리는 아무 말 없이 하얀 모래톱을 가로질러 일렁이는 호수를 향해 걸음을 옮겼다. 방파제 끝에는 등대가 서 있었다. 지난 한 세기 동안 폭풍이 일거나 별이 보이지 않는 밤에 수많은 뱃사람을 집으로 인도했던 그 등불을 가슴에 안은 채로 말이다. 하지만 지금은 등대의 환한 불빛이 필요하지 않았다. 눈부신 태양이 우리를 비추고 있었기 때문이다. 그 빛을 머금어 반짝이는 파도가 밀려왔다가는 다시 조용히 깊은 물속으로 멀어져갔다.

내게도 이러한 휴식이 필요했지만, 릭에게는 절실했다. 일년 가까이 병원에서 받았던 이런저런 검사에도 불구하고 그의 건강이 지금과 같이 나빠진 정확한 원인을 밝혀내지 못한 상태였다. 의사는 섬유조직염(온몸이 아프고 피곤함을 느끼는 병)이 그의 만성적인 통증을 유발하고 있으며, 말초 신경 장애로 팔과 다리 말단에 감각을 잃어가고 있다는 진단을 내렸다. 하지만 우리가 알고 있는 것은 병명일 뿐 그 원인이나 치료방법에 대해서는 지금까지 알려진 것이 없어서 병이 진행되는 속도조차 늦출 수 없는 현실이었다. 시간이 갈수록 다리에 힘이 빠지면서 심하게 흔들렸기 때문에, 발을 땅에 딛고 일어서거나 발을 삐끗해 넘어졌을 때 팔을 써야 하는 일이 점점 더 많아졌다.

언뜻 보아서는 릭이 신체적인 어려움과 싸우고 있다는 사실을 누구도 알아채지 못했다. 다른 사람들의 눈에 릭은 그저 튼튼한 50대 초반의 사내로만 보였다. 늘 야구 모자를 쓰고 다니는 키 크고 건장한 이가 그토록 힘겨운 고통과 싸우고 있다는 사실을 상상하기란 쉬운 일이 아니었다. 더구나 지난 수년 간 어린 손자를 길러왔으며 지금은 병든 어머니까지 돌보고 있다는 사실은 짐작하기조차 어려운 일이었다. 내 친구 릭에게 미시간 호수에서 보내는 오후 한때는 단순한 주말 외출이 아니었다. 그것은 일상의 버거운 책임과 힘겨운 투병에서 잠시나마 헤어날 수 있는 짧지만 소중한 시간을 의미했다.

우리는 해변을 함께 걸었다. 아무런 말도 필요하지 않았다. 다만 잔잔한 파도가 들려주는 음악에 귀를 기울이면서 아름다운 미시간 호수의 넓은 품 안에 지친 몸과 마음을 맡겼다. 그러다가 잠시 멈춰서서 호수에 물수제비를 띄워 보낼 납작하고 둥그런 돌을 찾아보기도 하고, 조개껍데기와 떠다니는 나뭇조각 같은 것을 주워 자세히 들여다보기도 했으며, 우리 발을 흠뻑 적시려 대단한 기세로 밀려오는 거친 물결을 보기 좋게 피하기도 했다.

몇 걸음 앞서가던 릭이 갑자기 나를 향해 돌아섰다.

그리고 이렇게 소리쳤다.

"꼭 하고 싶은 일이 있는데, 여기서만 할 수 있어. 나랑 같이 해줄래?"

나는 주저했다. 내 나이 정도 되면 자세한 사정을 모른 채 무언가를 선뜻 약속한다는 것이 쉽지 않다.

그래서 나는 다시 물었다.

"뭘 하고 싶은데?"

그가 얼른 대답했다.

"나는 달리고 싶어. 오늘이 가고 나면 다시 달릴 수 있을지 어떨지 모르니까 말이야. 여기라면 괜찮을 것 같아. 혹시 넘어지더라도 부드러운 모래 때문에 다치지 않을 테고 보는 사람도 별로 없어서 무안하지도 않을 테니까."

달리기에는 영 소질이 없는 나였지만, 친구의 청을 거절할 수는 없었다. 우리는 천천히 달리기 시작했다. 그리고 기분 좋을 정도까지 속도를 올려 해변을 달렸다. 나는 그때 보았다. 릭의 얼굴 가득히 피어나던 환한 미소를 말이다. 그 속에는 어떤 아픔도 어떤 슬픔도 없었다. 다만 릭 자신이 있을 뿐이었다.

나는 그리 오래 달리지 못했다. 숨이 턱까지 차오른 나는 걸음을 그만 멈추고 고개를 들어 앞을 바라봤다. 그곳에는 계속 앞을 향해 달려가는 릭이 있었다. 구름 한 점 없는 11월의 맑은 하늘 아래서 호숫가를 따라 전력질주하는 내 친구가 있었다. 그의 다리는 힘차게 움직였고 더없이 강인했으며 한 점 흔들림이 없었다. 순간 온 세상이 느려지더니 그대로 멈춰버렸다. 그리고 그 모습 그대로 내 마음속 깊은 곳에 또렷이 새겨졌다.

나는 아직도 해변을 달리고 있는 릭을 볼 수 있다. 11월의 태양 아래서 보석처럼 반짝이는 파도와 아직 떨어지지 않고 바람에 나부끼는 모래 언덕 위 붉은 단풍도 선명하다. 영화 속의 느린 장면처럼, 내 소중한 친구가 천천히 멈춰서 나를 돌아본다. 두 다리로 땅을 딛고선 그가 주먹을 불끈 쥔 채로 두 팔을 번쩍 들며 하늘을 바라본다.

그러고는 터질 듯한 목소리로 외친다.

"그래! 나는 해냈어! 나는 넘어지지 않았어!"

나도 소리친다.

"그래! 넌 해냈어!"

나는 웃는다. 그리고 동시에 눈물을 흘린다.

돌아보면 우리 두 사람은 그날 천국에 있었던 것 같다. 나는 그날 달리는 친구의 모습을 보았다. 어떤 고통도 어떤 장애도 그를 막을 수는 없었다. 그는 더없이 강하고 건강한 모습으로 하늘을 날았다. 바람처럼 말이다. 어느 멋진 가을날 오후, 비록 짧은 순간이기는 했으나 세상은 슬픔에 잠긴 한 사람을 온몸으로 감싸 안아주었다. 어딘가에 지상의 낙원이 있다면, 그곳과 같은 모습일 것이다.

—앤 굿리치

이 고비만 넘기고 나면

*야생동물이 없다면
우리가 어디에서 자신을 돌아볼 수 있겠는가?
자연이 없다면
우리가 어떻게 생존할 수 있겠는가?
이 광활한 대지가 없다면
우리가 과연 어디에 뿌리를 내릴 수 있겠는가?*
신디 브래드번

　스키는 지극히 단순한 운동이다. 하지만 왼쪽이나 오른쪽으로 몸을 틀면서 산에서 내려오는 이 단순한 운동에 나는 지난 40년간 푹 빠져 있었다. 아내 크리스도 스키를 즐기는 터라 우리는 아이들이 대학을 졸업하자마자 산이 높고 눈이 많은 산악마을로 이사했다. 1997년 1월에 나는 아내와 몇몇 친구들과 함께 제법 높은 탓에 인적이 드문 산에 올랐다.
　너무 추워 숨이 턱까지 차올랐지만, 곳곳에 숨어 있는 산의 아름다움에 마음을 빼앗긴 우리는 쉬지 않고 앞으로 나아갔다. 드디어 우리들의 눈앞에 사람 발자국이 찍히지 않은 하얀 눈이 펼쳐졌다. 그리고 눈 위에 반사된 겨울 햇살이 만들어낸 아름다운 무지개가 우리를 내려다보고 있었다.

그곳에서 산 아래를 향해 스키를 타기 시작했다. 서서히 속도감이 느껴질 무렵 나는 포물선을 그리며 첫 번째 턴을 했다. 바로 그때 발밑의 눈이 아래로 푹 꺼졌다. 절대 그럴 리 없다고 몇 번이고 곱씹었지만 아니었다. 그것은 엄연한 현실이었다. 그리고 사실이라면, 이는 엄청난 일이 일어나고 있음을 뜻했다. 부드러운 백색의 눈 표면이 갈라지고 있었다.

나는 빠져나갈 곳을 찾아 허둥댔지만 허사였다. 순식간에 부서지고 무너져 내린 눈 덩이들이 사방에서 굴러다녔다. 눈사태가 시작되고 있었다. 눈 더미가 나를 삼켜버릴지도 모른다는 공포가 온몸을 휘감았다. 상황을 가늠하기 위해 쉴 새 없이 이쪽저쪽을 두리번거렸다. 이 정도 눈사태라면 살아나가기 힘들 것이 분명했다. 머릿속에는 오직 살아야 한다는 생각만이 가득했다.

쏟아지는 눈 더미의 무게에 중심을 잃고 쓰러진 나는 바람 한 점 통하지 않는 어둠 속으로 빨려 들어가고 말았다. 그리고 무서운 속도로 산 아래쪽으로 쓸려 내려가기 시작했다. 끝이 보이지 않는 어둠과 속도와 공포가 나를 엄습해왔다. 이대로라면 결과는 뻔했다. 나는 숨을 쉬어보려 애썼지만 힘에 부쳤다.

모두가 부질없는 짓만 같았다. 하지만 위급한 상황에서 절망은 아무짝에도 쓸모없는 사치스러운 감정일 뿐이라고 자신을 다잡았다. 삶과 죽음의 기로에 선 지금 내가 의지할 수 있는 것은 오직 나 자신밖에 없으니 평정심을 잃지 않고 어떻게든 몸을 움직여 밖으로 얼굴을 내밀어야 한다고 말이다.

그 순간 갑자기 아랫배 쪽에서 강한 통증이 느껴졌다. 곧이어 무너져 내리는 눈 더미가 왼쪽 어깨를 할퀴고 지나갔다. 너무나도 고통스러웠지만 나는 살아남기 위한 몸부림을 결코 멈추지 않았다. 나중에 알았지만, 눈사태의 속도가 잦아든 것은 내가 800미터 가까이 쓸려 내려간 뒤였다. 계곡의 바닥에 부딪힌 눈 더미가 더 이상 움직이지 못한 채 멈춰선 것이다. 그 순간 나는 놀랍게도 수천 톤의 눈 무더기 꼭대기에 있었다. 눈물겨운 노력 덕분이었는지, 그저 지독하게 운이 좋아서였는지, 아니면 이 산이 다시 한 번 나를 보려 언덕을 살짝 내밀어준 것인지 알 수는 없었지만, 나는 눈 속에 파묻히지 않고 살아남았다.

이제는 조용해진 산을 한번 둘러봤다. 한바탕 꿈을 꾸고 깨어난 것만 같았다. 나는 온 마음을 다해 감사의 기도를 올렸다. 기도를 마치고 나자 아무 일도 없었던 것처럼 툭툭 털고 일어나고 싶어졌다. 그런데 마음과 달리 다리가 움직이지 않았다. 놀라서 그런 것인지도 모른다는 생각에 심호흡을 하고 다시 한번 움직여봤다. 소용없는 일이었다.

하반신이 마비된 것은 아닌지 걱정이 밀려왔다. 하지만 나한테 그런 일이 일어날 리 없다고 마음을 다잡았다. 그리고 어떻게든 엄지발가락을 움직여보려고 온 힘을 모았다. 엄지발가락을 움직일 수 있다면 적어도 마비가 된 것은 아닐 테니 말이다. 물론 이대로 꼼짝 않고 있으면, 다만 몇 분 동안이라도 가슴에 한 가닥 희망을 품을 수 있겠지만 나는 당장에 내 눈으로 확인하고 싶었다. 내가 걸을 수 있다는 것을 말이다.

"이봐 엄지발가락, 조금만 움직여보라고. 응? 아주 조금이면 돼. 그걸로 충분하다고."

나는 수천 톤의 눈 무더기 위에서 엄지발가락에게 말을 걸었다. 다른 이들이 봤다면 제정신이 아니라고 생각했을지도 모르지만, 그 순간 난 절박했다. 잠시 후에 엄지발가락이 대답을 했다. 스키 신발 안쪽을 지그시 눌러 자신이 건재함을 과시한 것이다. 안도의 한숨이 터져 나왔다. 지금 어디를 어떻게 다친 상태인지 알 수는 없지만 아무튼 나머지 인생을 휠체어 위에서 보내지 않아도 된다는 사실만으로도 충분히 행복했다. 나는 다시 한번 주변을 둘러봤다. 그리고 적막감이 감도는 산 정상을 향해 있는 힘을 다해 외쳤다.

"이봐, 난 괜찮아, 부상을 좀 당했지만 이 정도는 끄떡없다고. 곧 돌아갈 테니 조금만 기다려!"

그러자 겁에 질린 목소리가 울려 퍼졌다.

"여보, 내 말 들려요? 존!"

반가운 목소리, 아내였다.

"난 살아 있어. 좀 다쳤지만 별거 아냐."

친구들이 내 주변의 눈을 조심스럽게 치우는 동안 아내가 무선 전화로 구조요청을 했다. 산에서 도로가 있는 곳까지는 눈에서 움직이는 특수차로, 그리고 지역 병원까지는 구급차로 옮겨졌다. 그곳에서 진찰 후, 나는 헬리콥터에 태워져 즉시 큰 병원으로 갔다.

다음 날, 어긋난 뼈들을 나사로 연결하는 수술을 받았다. 나는 골

반골절, 내출혈, 저체온, 그리고 어깨탈골로 인한 고통에 시달렸다. 진통제를 맞으며 병원 침대에 누워서 내 몸을 지나가는 수많은 튜브를 보고 있자니 그만큼 많은 생각이 스쳐 지나갔다. 나는 간호사에게 종이와 연필을 좀 달라고 부탁했다. 약에 취한 상태라 머리가 맑지도 않았고 손을 제대로 움직일 수도 없었지만, 나는 기억 속 행복했던 순간들과 마음속 꿈들을 하나씩 적어 내려갔다. 몸이 완전히 회복된 뒤에는 이 모든 꿈을 이루리라 다짐하면서 말이다.

　퇴원할 때 아내는 병원에서 작은 유압이동장치를 빌렸다. 그리고 매일 아침 이것을 이용해서 나를 침대에서 일으켜 안락의자에 앉혔다. 의자 주변에는 점심 식사, 간식거리, 물병, 전화, 책, 그리고 노트북 컴퓨터까지 내게 필요한 모든 것이 갖추어져 있었다. 그러고 나면 아내는 내게 다정한 인사를 건넨 뒤에 두툼한 겉옷을 걸쳐 입고 설원으로 나갔다. 나도 이 안락의자에서 벌떡 일어나 스키 장비를 갖추고 아내를 따라나서고 싶었지만 그저 마음뿐이었다. 그럴수록 나는 이 고비만 넘기면 된다고 스스로를 다독이며 마음을 다잡았다.

　6주 뒤에 우리는 검사를 위해 다시 병원을 찾았다. 엑스레이 결과가 아주 좋아서 물리치료를 시작하게 되었다. 더 없이 기쁜 일이었지만, 이 안전한 휠체어를 떠나야 한다는 사실이 너무나도 두려웠다. 하지만 나는 눈을 질끈 감았다. 그리고 일어섰다. 이제 다시 인적이 드문 멋진 산을 오를 수도 있고 스키도 탈 수 있다는 사실에 가슴이 벅차올랐다. 다리가 휘청거렸고 목발이 필요했지만 다 괜찮았다. 나는 두 발로 걷고 있었으니까.

그렇게 넉 달이 흘렀다. 등반을 하기에는 아직 체력이 달렸지만 카약에 앉아 있는 것은 문제없었다. 노를 저어 카약을 앞으로 움직이게 하려면 엉덩이를 이용해 배의 균형을 잡아주어야 하는데, 엉덩이에 손상된 조직과 뼈를 연결하는 나사가 들어 있는 상태였지만, 작은 여울 몇 개 정도를 건너는 것은 어렵지 않았다. 나는 매일 노를 저었다. 그리고 천천히 조금 더 거센 물살을 향해 앞으로 나아갔다.

5월이 되자 친구들이 카약 여행을 계획했다. 지난 20년 간 해마다 이 여행에 동참해온 나였다. 아직은 무리라는 사실을 알고 있었지만 만일 이 일을 해낸다면 큰 자신감을 얻을 수 있으리라는 생각이 들었다. 잠시 망설이던 나는 용기를 내어 같이 가도 되겠느냐고 말을 꺼냈다.

카약 여행에서 처음 이틀 동안, 나는 생체리듬이 회복되고 있음을 느끼기 시작했다. 3일 째 되던 날, 우리는 가장 유속이 빠른 강가로 카약을 끌어올렸다. 친구들은 내게 그냥 강가에서 기다리는 것이 어떻겠느냐고 물었다. 나는 주변을 둘러싼 짙푸른 소나무와 전나무를 둘러보았다. 그곳은 포근하고 향긋하고 편안했다. 하지만 언제까지나 이렇게 안전한 곳에 머물 수만은 없는 노릇이었다. 잠깐의 두려움을 이겨내지 않고 어떻게 예전의 자신감을 회복할 수 있겠는가. 나는 친구를 향해 힘껏 고개를 가로저었다. 그리고 구명조끼를 한번 단단히 매고는 카약에 올라탔다.

첫 번째 물살이 가슴을 내려쳤지만 나는 균형을 잃지 않고 눈앞의 장애물을 잘 피했다. 급류가 끝나는 곳에서 무사히 다시 만난 우리

네 사람은 서로의 안전을 확인하고 축하하고 격려했다.

첫 번째 관문을 무사히 통과한 나는 뛸 듯이 기뻤지만 아직도 급류가 네 개 더 남아 있다는 사실을 되새기며 마음을 다잡았다. 나는 계속해서 강 하류로 노를 저었다. 그리고 두 번째 급류도 무사히 건넜다. 세 번째 급류를 향해 나아가는데 무언가가 아슬아슬한 절벽 위에서 움직이고 있었다. 자세히 보려 했지만, 이내 사라져버리고 말았다. 호기심이 발동한 나는 그것이 무엇이었는지 확인하기 위해 강가로 노를 저었다. 그리고 그곳에서 겁에 질린 새끼 사슴 한 마리를 발견했다.

녀석은 이끼가 많은 작은 동굴에 몸을 의지한 채 서 있었는데 오른쪽 어깨에 심각한 부상을 입은 상태였다. 게다가 바짝 말라 갈비뼈가 앙상하게 드러나 있었고 콧물이 쉴 새 없이 흘러내렸다. 아마도 강물에 빠졌던 모양이었다. 급류 속에 휘말렸다가 겨우 이 손바닥만한 땅 위에 올라서는 동굴 안에 지친 몸을 숨겼으리라. 집으로 돌아가려면 다시 저 사나운 급류 속으로 뛰어들어 강 하류로 헤엄쳐야 하지만, 오랫동안 굶주린 데다 어깨 통증도 심해서 도무지 엄두가 나지 않았을 것이다.

강가에 배를 대고서 새끼 사슴에게 말을 걸었다.

"나는 네가 살던 곳에서 왔단다. 지금 많이 힘들지?"

녀석은 놀라 뒤로 물러섰다. 하지만 차가운 물이 뒷걸음질 치던 발에 닿자 움찔하며 그 자리에 멈춰 섰다. 녀석은 두 귀를 쫑긋 세웠다. 나는 배에서 내려 동굴 쪽으로 향했다. 다급해진 녀석은 이리저리 두리번거렸다. 하지만 더 이상 도망갈 곳이 없었다. 녀석의 겁에 질린 눈을 보고 있자니 5개월 전 눈사태 속에서 나를 엄습하던 그 두려움과 고통이 떠올랐다.

"여기 그냥 있으면 곧 죽게 될 거야. 그러니 어서 여기서 나가야 해. 너를 이곳에서 구해 안전한 곳으로 보낼 특수차나 구급차, 헬리콥터가 있다면 얼마나 좋겠니. 하지만 나한테는 지금 한 사람만 탈 수 있는 카약뿐이구나. 정말 미안하다."

나는 잠시 멈추었다 다시 말을 이었다. 이제는 새끼 사슴도 내 말을 듣고 있는 것 같았다.

"방법은 한 가지뿐이란다. 지금 너를 물속에다 던질 거야. 그래도 놀라지 말고 열심히 헤엄쳐야 해. 큰 파도를 만나거든 숨을 꼭 참아야 한다. 파도가 지나가거든 얼른 다시 고개를 물 밖으로 내밀어야 해. 알겠지?"

녀석이 두 귀를 팔락거렸다. 그 순간 나는 녀석에게 달려들었다. 왼손으로 녀석의 다친 어깨를 누르고 오른손으로는 뒷다리를 꽉 붙잡았지만 놀란 녀석은 펄쩍펄쩍 뛰었다. 뒷발굽으로 내 뺨을 후려치며 버티던 녀석이었지만 일단 물속에 들어가자 열심히 헤엄치기 시작했다. 물살을 가르며 급류 속을 떠내려가는 새끼 사슴을 향해 다시 한번 외쳤다.

"잊지 마. 숨을 꼭 참아야 한다!"

배로 돌아온 나는 녀석이 거센 물살 너머로 멀어지는 모습을 보았다. 녀석은 고개를 높이 들고 급류를 잘 헤쳐 나가고 있었다. 그 순간 나는 알 수 있었다. 녀석도 나도 당당히 이 고비를 이겨낼 것이라는 것을, 그리고 이 고비를 넘기고 나면 모든 것이 잘될 것이라는 것을 말이다.

—존 터크

솔송나무 길

의사들은 산책이 당신의 건강에 도움이 된다고 말할 것이다.
하지만 산책을 즐기는 사람들은 이것이 당신의 영혼에 도움이 된다고 말할 것이다.
새넌 샌커

    1975년의 그 아침이 아직도 기억에 생생하다. 잠을 이루지 못하고 밤새 뒤척이던 나는 아침 일찍 자리를 털고 일어났다. 차라리 조용한 공원을 산책하는 것이 나을 것 같았다. 아직 시린 1월의 바람을 맞으며 조용히 기도를 올리고 싶었다. 그러면 찬 바람에 무뎌지는 감각처럼 내 아픔도 좀 사그라질 것만 같았다. 나는 편안한 신발을 챙겨 신고서 내가 가장 좋아하는 산책로인 솔송나무 길로 향했다.
    부드럽게 흩날리는 커다란 눈송이들이 왠지 나를 슬프게 만들었다. 눈 쌓인 길을 걸으며 나는 지난 불면의 밤에 대해 곰곰이 생각해 보았다.
    두 살 난 딸아이 에밀리는 최근 여러 차례 수술을 받고 회복 중에 있었다. 수술을 받으려고 머리카락을 모두 깎아 찬 바람이 불어올 때면 내 마음까지 시렸지만, 그런 것은 중요하지 않았다. 함께 집으로 돌아올 수 있는 것만으로도 얼마나 다행인지 몰랐다. 에밀리의 미소는 내 인생의 빛이었다. 의사들은 예정보다 5주나 빨리 태어난 딸아이가 첫 번째 수술을 받을 수 있을 때까지 살 수 있을지 확신하지 못했었다.

어린이 병원 신경외과 의료팀의 예상은 한마디로 절망적이었다. 에밀리의 뇌 뒤쪽에는 선천적으로 낭포(자루 모양의 내벽 안에 액체가 차는 병적 생산물)가 있었다. 그리고 이것은 딸아이의 뇌를 압박하며 점점 커지고 있었다.

담당 의사가 내게 진지하게 말했다.

"에밀리와 같은 증상이 보고된 경우는 지금까지 두 건밖에 없습니다. 그리고 모두 아주 어렸을 때 사망했습니다. 따님은 앞으로 여러 번의 수술을 받아야 하는데 견뎌내기 힘들 것으로 생각됩니다. 모든 수술을 다 이겨내고 성장한다고 해도 발달이 늦어지는 것은 물론 여러 장애를 겪게 될 것입니다. 그러니 마음의 준비를 해두시는 것이 좋을 것 같습니다."

길고 힘겨운 넉 달을 보낸 뒤에, 에밀리는 의사들의 예상이 보기 좋게 빗나갔다는 것을 온몸으로 보여주었다. 적어도 부분적으로는 말이다. 3킬로그램도 안 되는 내 작은 아기는 여전히 굳건히 살아 있었다. 그리고 나는 처음으로 에밀리를 집으로 데려올 수 있었다. 나는 에밀리에게 제일 먼저 집 앞의 솔송나무 길을 보여주고 싶었다. 하지만 여러 차례 힘겨운 수술을 받아 아직 상태가 좋지 않았기 때문에 이것조차 아주 조심스러운 일이었다. 에밀리를 품에 안은 채 솔송나무 길 입구에 가만히 서서 함께 새소리를 듣는 것으로 아쉬움을 달래야 했다.

두 살이 되자, 에밀리는 몇 달 동안 집에서 지낼 수 있을 만큼 상태가 호전되었다. 하지만 낭포로 인해 다시 병원을 찾아야 했고, 또다시 수술을 받아야 했다. 몇 주 동안 정성을 다해 에밀리의 간호를 하고 난 뒤에 나는 그만 지쳐버렸다. 내게는 휴식이 절실했다. 나무들과 그 사이로 난 아늑한 오솔길, 그 길을 따라 불어오는 맑은 공기가 못 견디게 그리웠다.

나는 잠시 병실을 빠져나왔다. 그리고 단숨에 솔송나무 길을 향해 달렸다. 잎을 모두 떨어내고 앙상한 가지를 드러낸 채 서 있는 키 큰 솔송나무 사이를 천천히 걷자니, 인생이란 이렇듯 무상한 것이라는 생각이 들었다. 에밀리가 태어나 처음 맞이한 2년 동안 우리는 그것을 온몸으로 겪어냈다.

에밀리를 가졌을 때도 나는 이 솔송나무 길을 걸었다. 그리고 언젠가 이 아이가 태어나면 함께 이 길을 걷는 꿈을 꾸었다. 하지만 딸아이가 생과 사의 갈림길에서 사투를 벌이는 동안 나는 그 꿈을 잠시 접어두어야만 했다.

나뭇잎을 모두 떨군 채 앙상한 나뭇가지만 남은 숲에는, 기댈 곳을 잃은 덩굴식물들만이 축 늘어진 채 이리저리 엉켜 있었다. 그 모습이 꼭 병실에 누워 있는 에이미의 여린 몸에 연결된 수많은 관과 기계선을 닮았다. 저 덩굴 속 어딘가에서 놀란 토끼 한 마리가 뛰쳐나올 것만 같았다. 토끼의 작고 동그란 눈이 두려움에 지친 에이미의 눈과 다르지 않을 것만 같았다.

  몇 주 동안 드린 간절한 기도를 저버리지 않은 채, 에밀리는 또다시 회복되었다. 두 뺨에 다시 혈색이 돌았고 두 눈은 반짝였다. 그래서 지난 밤 벅찬 가슴으로, 나는 또다시 딸아이를 집으로 데려올 수 있었다.

  이렇게 언덕 위 솔송나무 길을 걸을 때면 언제나 내 영혼의 짐이 한결 가벼워지는 것을 느낀다. 그리고 내게 주어진 삶은 어느 것 하나 소중하지 않은 것이 없음을 다시금 깨닫는다. 언제부터인가 솔송나무 길의 끝에 서서 다시 집을 향해 돌아서는 순간이면 언제나 내 가슴속에는 더없이 소중한 선물이 하나 가득 담겨 있었다. 그것은 바로 내 딸 에밀리였다. 강인한 내 아기는 또다시 고비를 이겨냈다. 그리고 지금 집에 있었다. 따스하고 안전하며 아늑한 그곳에서 달콤한 꿈을 꾸고 있었다.

  초등학교 5학년이 지나면서, 에밀리는 의사들의 예상이 틀렸음을 다시 한번 보여줬다. 정신지체를 겪게 될 것이라는 예상을 깨고 또래 아이들 사이에서 두각을 나타내기 시작한 것이다. 물론 쉽지만은 않았다. 하지만 힘겨운 순간마다 우리는 서로의 손을 꼭 잡고 솔송나무 길을 함께 걸었다. 그리고 용기와 사랑과 인내를 가슴 가득 안고 집으로 돌아왔다.

  이제 어른이 된 에밀리는 지역 공원을 위해 열심히 일하고 있다. 그리고 우리는 여전히 솔송나무 길을 함께 걷는다. 그 길을 걸으며,

우리는 오늘도 달콤한 꿈을 꾼다.

—샤론 헤인즈

나를 치유한 호수

> 밀려오는 잔잔한 물결이 당신의 발에 닿는 순간을 상상해보라.
> 그 시원한 손길이 당신의 무릎을 어루만지고 등을 감싼다.
> 그리고 당신의 얼굴에서는 환한 미소가 떠오른다.
> 멈춰라. 그리고 귀 기울여라. 지금 이 순간을 온몸으로 느껴라.
> **칼라 그린**

내가 그려보는 천국에는 황금으로 포장된 번쩍이는 길이 없다. 그곳에는 다만 사이프러스로 둘러싸인 루이지애나(미국 남부의 주) 호수가 있을 뿐이다. 그 뿌연 물로 숨어든 세상의 모든 지친 생명을 품고, 물 위에 떨어져 이끼가 낀 나뭇잎 사이로 태양이 내리쬐는 오후에는 진한 물고기 냄새를 토해내기도 하는 평범한 호수다.

나는 아주 어릴 적부터 물을 좋아했다. 겁 없는 말괄량이였던 나는 네 살 때 제법 높은 곳에서 물로 뛰어들곤 했다. 오빠 브루스와 나는 앞서거니 뒤서거니 하면서 온몸이 흠뻑 젖을 때까지 물에서 놀았다. 남부의 찌는 듯한 무더위를 피하는 방법은 그것 밖에 없었다. 조금이라도 물이 고인 곳이라면 어디든 우리들의 놀이터가 되었다.

호수에 가는 것을 너무나도 좋아한 나머지, 가장 친한 친구인 게일과 나는 주말과 휴일 대부분을 그곳에서 보냈다. 우리는 아빠와 함께 야영을 했고 낚시를 즐겼다.

　어른이 되어서도 나는 여전히 물 가까이에서 지내는 것을 좋아했다. 간호학교를 마치고 제일 먼저 구입한 것이 중고배였을 정도였다. 배를 끄는 자동차 또한 지독하게 낡은 차였으니 행색이 얼마나 초라했을지 상상하기는 어렵지 않을 것이다. 하지만 내 오랜 꿈이 이루어진 마당에 그런 것쯤은 아무래도 좋았다. 이제 나는 내가 원할 때면 언제나 호수로 달려갈 수 있게 된 것이었다! 친구들마저 점점 수상스키에 열광해 가는 바람에, 내가 호수로 여행을 떠나는 일은 더욱 많아졌다.

　어른이 된 뒤에도 전혀 잦아들지 않은 말괄량이 기질 덕분에, 나는 여전히 밖에서 노는 것을 좋아했다. 그런 까닭에, 태양이 내리쬐는 야외에서 할 수 있는 스포츠라면 무엇이든 가리지 않았다. 테니스, 자전거, 야구, 롤러 블레이드, 수영, 그리고 스키까지, 나는 이 모든 것들을 너무나도 사랑했다.

　서른한 살이 되어 나는 이 모든 야외 스포츠를 남자친구인 로니와 함께하기 시작했다. 우리가 결혼식을 올리고 3개월이 지날 무렵, 나는 뇌종양 판정을 받았다. 하지만 수술과 방사선치료로 종양의 대부분을 없앨 수 있었다. 나는 다시 일할 수 있고 남편과 새로운 인생을 살 수 있게 된 것을 신에게 감사드렸다. 우리는 아름다운 아들 녀석 아론과 함께 꿈 같은 7년을 보냈다. 하지만 그 무렵 종양이 다시 재발하고 말았다.

이번 수술은 더욱 힘겨운 것이어서, 나는 두 번이나 발작을 일으켰다. 게다가 후유증으로 인해 왼쪽 팔을 사용할 수 없게 되어버렸다. 왼쪽 다리 또한 예전과 같지 않았다. 강도 높은 재활치료도 아무런 소용이 없었다. 이 정도의 장애라면 누구에게나 고통스러운 것이겠지만 야외 활동을 너무나도 좋아하는 내게는 특히나 절망적이었다. 나는 살아오면서 단 한번도 관중석에 앉아본 적이 없었다. 저 운동장과 호수가 바로 내가 있어야 하는 곳이었던 것이다!

나는 조금씩 다시 걷는 법을 배웠다. 어느 정도 걸을 수 있게 된 뒤에도 왼쪽 팔과 손은 회복되지 못했다. 아무리 노력을 해도 안 되는 일이라면, 이제는 모든 상황을 받아들이고 어떻게든 적응해야만 했다. 고통스러운 시간이었다. 나는 마음의 평화를 찾기 위해 가족이나 친구들과 함께 호수를 자주 찾았다. 하지만 배를 타는 것과 배 뒤에 스키를 매달고 물살을 가르며 하늘을 나는 것은 절대 같을 수가 없었다. 그래서 나는 결심했다. 어떻게 해서든 다시 스키를 탈 수 있는 방법을 찾아보기로 말이다.

수없이 전화를 건 끝에, 결국 나는 장애인을 위한 수상스키협회를 찾아냈다. 그리고 그곳에서 일하는 친절하고 따뜻한 마음을 가진 데니스와 빌에게서 기다리던 얘기를 들을 수 있었다. 그들은 우리를 만나보고 가능하다면 한쪽 손만 있는 사람들을 위해 고안된 수상스키 장비를 사용하는 방법을 가르쳐주겠노라고 말했다.

나는 떨리는 가슴을 안고 그곳에 도착했다. 더 이상 날지 못하는 왼쪽 '날개'를 스키복 안에 잘 접어 넣고 끈으로 단단히 조이는 것으로 호수를 정복하기 위한 모든 준비를 마쳤다. 출발하기에 앞서 나는 웃으며 농담을 던졌다. 스키가 수면 밑으로 가라앉으면 호수의 물을 반쯤은 마신 뒤에야 겨우 물 위로 올라올 수 있을 것이라고 말이다. 그러자 배를 운전할 사람이 짐짓 심각한 표정으로 코마개를 건네주었다. 우리는 시원하게 한바탕 웃었다. 빌과 남편 로니가 내 어깨를 두드리며 격려해주었다. 마음이 한결 편안해졌다.

내 뒤에 서서 나를 감싼 채로 스키를 단단히 잡고 있는 데니스도 큰 힘이 되었다. 나는 고개를 똑바로 세우고 심호흡을 했다. 드디어 스키가 연결된 배가 속도를 올리며 나를 당겼다. 나는 온 힘을 다리에 모아 스키가 똑바로 나갈 수 있도록 애썼다. 계속 실패를 거듭했지만 나는 결코 포기하지 않았다. 좀처럼 굽힐 줄 모르는 천성을 타고난 까닭에 나는 도전을 멈추지 않았다.

백 번쯤 시도한 끝에 나는 드디어 물 위에 몸을 내밀고 똑바로 설 수 있었다. 비록 심하게 흔들렸고 곧 다시 물속에 빠지고 말았지만, 수상스키를 타는 것이 불가능한 일이 아니라는 사실을 깨달은 내 가슴은 희망으로 벅차올랐다. 언젠가는 멋지게 수상스키를 탈 수 있을 터였다! 배에서 보내오는 축하의 메시지 또한 나를 뿌듯하게 만들었다. 나는 물 위에 똑바로 서 있었다! 겨우 몇 초에 지나지 않는 시간이었지만 그것으로 충분했다. 처음으로 혼자서 자전거를 탔던 순간이나 깊은 물속을 향해 다이빙했던 순간처럼, 이 또한 무언가 성공을 일궈낸 소중한 순간이었기 때문이다.

그곳에 더 큰 희망을 남겨두고 우리는 집으로 돌아왔다. 그리고 남편 로니가 한 팔로 타는 스키를 내게 맞도록 고치는 동안은 다시 호수에 가지 않았다. 내가 자꾸만 물에 빠져 호수의 물을 다 마셔버리면 그 아름다운 호수가 사라져버릴 테니 말이다. 기운이 넘치고 민첩했던 시절, 내게 스키를 배우는 일은 그리 어려운 것이 아니었다. 그 때는 전혀 알지 못했다. 그렇지 못한 사람들에게 그것이 정말 힘든 일이라는 사실을 말이다. 나는 이제야 그것을 깨달았다.

호수로 힘겨운 여행을 떠날 때마다, 멋진 남편과 눈에 넣어도 아프지 않은 아이와 더 없이 소중한 친구들이 나와 함께해주었다. 그리고 내가 물 위에 멋지게 홀로 설 수 있을 때까지 모두들 인내와 사랑으로 나를 이끌어주었다. 그 물살을 가르며 달리는 모든 순간이 기쁨으로 가득했다. 또한 어린 시절 처음으로 스키를 타던 순간 맛보았던 그 가슴 떨림을 다시금 느낄 수 있었다. 최고의 속도에 이르면 두려움과 행복감이 동시에 온몸을 타고 흘렀다. 이런 즐거움들로 인해 쇠약해지고 부분적으로 마비된 육체적 한계를 극복하기가 훨씬 수월해졌다. 수상스키를 탄다는 것은 가족들 그리고 친구들과 함께 할 수 있는 일이 생긴 것을 의미했다. 나는 더 이상 구경꾼이 아니었다. 관중석에서 일어나 당당히 호수에 발을 내딛은 내게 저 아름답고 잔잔한 호수가 말하고 있었다. 모든 것에 감사하는 마음을 잊어서는 안 된다고 말이다. 나는 가만히 고개를 끄덕였다. 그리고 두 팔과 두 다리에 힘을 주어 스키를 더 꼭 잡았다. 그렇게, 물은 신비한 치유의 힘을 말없이 보여주고 있었다.

몇 달에 걸친 '호수 치료요법'으로 일반적인 물리치료로는 이룰 수 없었던 결실을 맺었다. 스키를 타는 동안 다리가 몰라보게 튼튼해진 것이다. 하지만 가장 많이 치유된 것은 다름 아닌 내 영혼이었다. 수상스키는 나를 좀 더 자유롭게 움직일 수 있게 했고 나와 자연을 다시금 연결시켜주었다. 내 몸뿐만 아니라 내 영혼을 치유했다. 내게 희망을 선물한 것이다.

―재니스 듀발

자연이 준 선물

> 나는 그다지 안전하지 않은 인생길을 걸어왔다.
> 나는 안전하지 않은 거리와 안전하지 않은 정글 속을 걸었다.
> 나는 언제나 내가 머물고 싶은 곳을 향해 걸었다.
> 나는 눈감는 그 순간까지 걸을 수 있기를 소망한다.
> 그리고 그때 걸음을 내딛는 곳이 산이었으면 한다.
> **주디스 맥다니엘**

한때 내 친구 폴은 세상의 꼭대기에 서 있었다. 그는 명문대에서 컴퓨터 관련 박사학위 논문을 준비 중이었고, 뛰어난 음악가였으며, 훌륭한 철인 3종경기 선수였다. 지적인 면에서나 창조적인 면에서나 육체적인 면에서 모두 뛰어난 그였지만 계속 발전을 거듭하고 있었다.

그러던 어느 날 아침, 그는 이상하게도 근육에 힘이 없다는 사실을 깨달았다. 계단을 오르기가 힘들더니 저녁 무렵에는 걸을 수가 없었다. 24시간 뒤에는 온몸이 마비되어 인공호흡기 없이는 숨을 쉬는 것조차 불가능했다. 폴은 몸 안의 항체가 말초 신경을 파괴해 마비를 일으키는 길렝-바레 증후군(급성감염성다발신경염)의 극단적인 증상을 보이고 있었다.

이 병은 회복이 더딜 뿐만 아니라 그 과정 또한 무척이나 힘겹다고 한다. 신경이 다시 회복될 수는 있지만 그 속도가 매우 느리기 때문이다. 재발로 인해 고통 받는 환자들도 있고 대부분 손발을 예전과 같이 사용하기까지 몇 년이 걸린다고 한다.

발병한 지 일년이 지났을 무렵, 폴은 보조기구에 의지해 처음으로 걷기를 시도했다. 건강했던 폴의 모습을 아는 우리들에게 그의 회복은 고통스러울 정도로 더뎠지만 분명히 꾸준한 진전을 보였다. 한 달 후에 폴은 보조기 대신 스키폴에 의지해 걸었다. 여전히 구부러진 길을 걷거나 장애물을 건너는 일은 쉽지 않았지만 그것만으로도 대단한 발전이었다. 폴은 내색하지 않았어도 우리는 알고 있었다. 이웃집을 다녀오는 것조차 그에게는 너무나도 힘겹고 위험한 일이라는 사실을 말이다.

그럼에도 불구하고 폴은 산으로 여행을 떠나고 싶어 했다. 폴이 우리에게 동행해줄 것을 청했을 때, 모두들 기꺼이 수락했다.

병을 얻기 전에 폴은 캠핑광이었다. 오래간만에 하룻밤 야영을 준비하는 폴은 다른 어느 때보다도 행복해 보였다. 그는 확신하고 있었다. 평화롭고 사람의 손길이 닿지 않은 자연 속에서 넘어지고 다시 일어나고 그렇게 땀을 흘리는 것이 다른 무엇보다 자신의 재활에 도움이 되리라는 사실을 말이다. 그리고 그 속에서 주어진 운명에 당당히 맞서는 자신의 모습을 확인하고 싶다고도 했다. 폴이 다시금 대자연 속으로 걸음을 내딛을 수 있게 된다는 것만으로도 이번 여행의 의미는 충분했다.

우리는 폴이 잘 해낼 수 있을지 걱정하지 않았다. 우리가 아는 한 폴은 가장 훌륭한 승부사였으니 말이다.

　폴과 나 그리고 우리들의 친구인 루크만, 이렇게 세 명이 함께 길을 떠났다. 우리는 캘리포니아에 있는 자연보호구역으로 목적지를 정했다. 우리들 중 누구도 가본 적이 없었지만 높은 산맥의 한 부분을 떼어온 듯하다는 그곳의 아름다움은 익히 들어 잘 알고 있었다.

　좀 더 간단히 말하자면, 루크만과 나는 설레는 마음을 달래고 있었지만 폴은 적잖이 겁을 먹고 있었다.

　길은 처음부터 몹시 가팔랐다. 흙도 울퉁불퉁한데다 몹시 푸석거렸다. 이리저리 틀어진 두꺼운 나무뿌리며 여기저기 솟아오른 날카로운 바위들이 우리의 여정을 더욱 힘겹게 만들었다. 하지만 폴은 한 걸음씩 잘 헤쳐나가고 있었다. 그 모습에 루크만과 나는 안도의 한숨을 내쉬었다. 어깨를 누르는 세 사람의 장비와 음식, 그리고 물의 무게쯤은 너끈히 견딜 수 있었다.

　폴에게는 처음 30미터 가량이 가장 힘들었다. 심하게 경사진 길에서 걸음을 제대로 내딛는 일이 여간 어렵지 않았던 것이다. 가져간 지팡이만으로는 제대로 균형을 잡을 수가 없었다. 게다가 발을 짚으면 힘없이 부서지고 번번이 미끄러지는 흙 또한 큰 문제였다. 무거운 짐을 짊어진 루크만과 내가 폴을 돕는 데에도 한계가 있었다. 우리는 계속 농담을 던지고 서로를 격려하면서 힘든 시간을 이겨냈다. 그렇게 해서 우리는 드디어 폴이 지친 몸을 쉴 수 있을 만한 산등성이에 도착했다.

　힘겨운 출발 탓이었는지 500미터쯤 걷고 나자 더 이상 앞으로 나아갈 수가 없었다. 하지만 우리는 더 이상 욕심을 부리지 않고 휴식을 취하면서 간단한 저녁을 먹기에 꼭 알맞은 멋진 장소를 찾았다. 지평선 너머로 태양이 모습을 감춘 뒤에, 우리는 포도주 한 병을 나눠 마시며 목청껏 좋아하는 노래를 불렀다.

다음 날 밝고 눈부신 아침 햇살에 눈을 뜬 우리들은 다시 길을 떠났다. 하지만 산길은 어제 못지않게 험했다. 오르막길이 끝나면 이내 내리막길이 모습을 드러냈다. 어디 한군데 평평한 곳이 없었다. 문제는 폴이었다. 500미터가량을 걷고 나자 그는 자신이 더 걸을 수 있을지 심각하게 고민했다. 그리고 돌아갈 준비를 하기 시작했다.

하지만 우리는 포기하지 않았다. 루크만과 내가 폴의 양쪽 팔꿈치를 지탱한 채로 우리는 함께 앞으로 나아갔다. 폴은 우리들이 자기를 죽이려고 한다며 연신 투덜댔다. 더 이상은 한 걸음도 못가겠으니 좀 쉬었다 가자고 폴이 사정할 때까지 우리는 그렇게 250미터가량을 더 걸었다.

우리는 계곡이 내려다보이는 근사한 곳에 자리를 잡고 점심을 준비했다. 그곳에서 우리는 바닥을 보이던 힘을 보충하고, 사라질 뻔했던 의욕을 되찾았다. 돌아보니 우리는 어느새 정상 가까이에 있었다. 폴은 자신이 이렇게 멀리 왔다는 사실을 선뜻 믿지 못하는 눈치였다.

한때 세상의 꼭대기에 서 있던 내 친구가 이제 산꼭대기에 서는 것조차 두려워하고 있었다. 나는 천천히 폴에게 다가갔다. 그리고 친구의 어깨에 팔을 두르고 나지막이 말했다.

"폴, 지금은 많이 힘들겠지만 이 순간을 이겨내고 집으로 돌아가면 구부러진 길이나 뒷골목을 걷는 일 정도는 문제없을 거야. 안 그래?"

하지만 폴에게는 내 말이 들리지 않았다. 밀려오는 극심한 피로와 싸우고 자신에게 주어진 도전 앞에서 쓰러지지 않기 위해 안간힘을 쓰기에도 버거웠던 것이다.

점심을 먹고 나서 우리는 또다시 폴을 밀어붙였다. 우리는 심지어 더 이상 부축하지 못하겠다고 했다. 다만 균형을 잃지 않기 위해 우리 어깨 위에다 손을 올리는 것만 허락했다. 또다시 250미터쯤 갔을 때, 그는 피로로 인해 몸을 떨기 시작했다. 일그러진 얼굴 위로 쉴 새 없이 흘러내리는 땀이 햇빛 아래서 반짝였다.

폴과 같은 상태로는 상상하기 힘든 거리를 걷고 나서야 우리는 방향을 틀었다. 출발점까지 돌아오자면 1.5킬로미터는 족히 걸어야 했다. 날이 저물 때쯤, 폴은 지난 일년 동안 걸었던 것의 두 배가 넘는 거리를 등반하고 있었다.

우리는 이제 길이 그다지 험하지 않으니 폴이 나머지 하산길을 혼자 걸어야 한다고 우겨댔다. 루크만과 나는 폴이 넘어질 경우에 대비해 폴 옆에 바짝 붙어 있었지만 그런 일이 일어나지 않기를, 그리고 만일 그런 일이 일어나더라도 폴이 혼자 일어나서 균형을 잡을 수 있기를 빌었다.

반쯤 내려왔을 무렵 우리는 그만 깜짝 놀라고 말았다. 난데없이 폴이 노래를 부르기 시작했던 것이다. 즉석에서 만들어지는 폴의 구성진 노랫가락이 온 산에 울려 퍼졌다. 집으로 갈 차에 오르는 것으로 폴의 길고도 험한 여정이 막을 내렸다. 하지만 그는 알고 있었다. 이

전의 육체적인 한계들을 보기 좋게 극복했으며 자연 속에서 자신의 영혼마저 치유되었다는 사실을 말이다. 친구들이 너무 심하게 몰아붙였다는 사실 같은 것은 너무도 피곤한 나머지 생각할 겨를도 없었다.

우리는 돌아오는 차 안에서 아무 말도 하지 않았다. 그리고 며칠 동안 폴에게서 연락이 없자, 우리가 폴을 너무 심하게 몰아세운 것은 아닌지 걱정이 되기 시작했다. 우리가 극한 육체활동과 맑은 공기, 아름다운 자연의 치유효과에 대해 너무 과신한 것은 아닐까? 그래서 폴에게 너무도 무모하고 잔인하기까지 한 일을 강요한 것이 아닐까? 이런 생각들이 꼬리에 꼬리를 물고 이어졌다.

바로 그때 폴에게서 전화가 걸려왔다.

내가 전화를 받자마자 폴은 기쁨에 들뜬 목소리로 소리쳤다.

"스티브! 믿을 수 없는 일이 일어났어! 등반에서 돌아온 이후로 동네를 산책하는 일이 식은 죽 먹기가 되었어! 이젠 구부러진 골목길도 문제없어. 지난주까지만 해도 집 옆 가게에 갔다오는 것도 그렇게 힘들었는데 말이야!"

폴은 지금 자신이 하고 있는 말이 바로 등반에 지친 그를 위로하려고 내가 건넸던 말이라는 사실을 기억하지 못했다. 그리고 나도 굳이 그것을 다시 상기시키지 않았다. 이 모든 일이 가능해진 것만으로도 우리 두 사람 다 충분히 행복했기 때문이다.

—스테판 레거트

얼음을 깨고

강을 돌보는 것은 곧 인간의 마음을 어루만지는 것이다.
다나카 쇼조

    나는 새벽부터 일어나서 얼마 전에 이사 온 이 허름한 오두막을 어디부터 손보아야 할지 고심하고 있었다. 밖에 나가고 싶었는지 테코가 자신의 목줄을 물어다가 내 발밑에 던져놓았지만 나는 눈길조차 주지 않았다. 처음 있는 일이라 녀석도 당황하는 듯했다. 살던 집도, 알뜰살뜰 모아왔던 살림살이도, 오랜 결혼생활도 모두 사라져버린 지금 나는 슬픔을 주체하기도 버거웠다. 이제 내게 남은 것이라고는 허물어져가는 이 오두막 한 채가 전부였다. 그러니 어서 이곳을 완벽하게 만들고 싶어 마음이 급했다.
    하지만 테코는 물러서지 않고 한참 동안 내 발밑에 쭈그리고 앉아 있었다. 더 이상 능청맞은 녀석의 청을 물리칠 수가 없었다. 나는 자리를 털고 일어나 현관문을 벌컥 열었다. 밖에 펼쳐진 3월의 하늘은 구름 한 점 없었다. 코끝에 닿는 바람도 제법 따뜻했다. 테코가 얼른 목줄을 들고 나를 따라나섰다. 옆집 마당을 지날 무렵에야 나는 오랫동안 테코를 불편하게 만들었던 찌푸린 얼굴을 폈다.

우리는 함께 공놀이를 했다. 내가 아직 녹지 않은 부드러운 눈을 동그랗게 뭉쳐 던지면 신이 난 테코가 뛰어올라 이를 받아서는 우적우적 씹어 먹었다. 그러고 나서 얼어붙은 강을 따라 산책을 하다 집으로 돌아왔지만 선뜻 집 안으로 들어갈 용기가 나지 않았다. 집 안으로 들어가면 다시 어디부터 고쳐야 할지 생각할 것이고, 그러면 또다시 지나간 시간에 대한 원망과 한숨이 되살아나 나를 삼켜버릴 것만 같았다. 지금의 나처럼 금방이라도 무너질 듯한 처마 밑에 쭈그리고 앉아서 집 앞을 흐르는 강을 온통 뒤덮은 두꺼운 얼음을 바라보았다. 언젠가 햇빛에 반짝이며 눈부시게 흘러갔을 강물은 지금, 우유를 얼려놓은 것처럼 하얗고 불투명했다. 그것은 꽁꽁 얼어버린 내 마음을 꼭 닮아 있었다.

한참 동안 가만히 앉아 있자 온몸에 한기가 돌았다. 나는 얼른 들어가 살구차 한 잔을 만들어 가지고 나왔다. 내가 살구차를 조금씩 마시는 동안, 테코는 내 곁에 앉아서 우적우적 개껌을 씹었다. 따뜻한 차 때문이었을까 몸도 마음도 좀 편안해졌다. 높이 떠오른 태양과 부드러운 산들바람이 이제 길었던 겨울은 모두 끝났다고 속삭이는 것만 같았다. 내 마음도 이제는 봄을 기다리고 있었다.

나는 코앞까지 다가온 봄을 만끽하고 싶어서 현관에 놓아둔 의자에 기대앉았다. 테코도 개껌을 물고 내 발치에 와 앉았다. 그 순간,

어디선가 엄청난 폭음이 들렸다. 처음에는 자동차 안에서 뭔가 폭발한 줄 알았다. 하지만 그렇다면 이렇게 계속 연이어 터지는 소리가 날 리 없었다. 곧이어 천지가 진동했다. 천둥 같은 소리는 점점 커져 귀청이 터질 것만 같았다. 나는 자리에서 벌떡 일어나 이 모든 소리가 도대체 어디에서 생겨난 것인지 알아보기 시작했다. 두려움에 떨며 꼬리를 동그랗게 말고 엉거주춤 서 있던 테코도 연신 코를 킁킁대며 사방을 두리번거리고 있었다. 그때 나는 보았다. 얼음 사이로 뿜어져 나오는 한 줄기 강물을 말이다.

  얼었던 강물에 금이 가고 있었다. 마치 보이지 않는 거인이 얼음 위에서 춤을 추고 있는 것만 같았다. 거인이 발을 디딜 때마다, 우윳빛 얼음이 쩍쩍 소리를 내며 갈라졌다. 언뜻 보기에도 육중한 얼음 덩어리가 순식간에 강물 아래로 무너져 내렸다. 그러고는 이내 우지직 하는 소리를 내면서 작은 조각으로 갈라졌는데, 그 모양이 마치 얼음으로 만든 모자이크 같았다. 갑자기 이 조각들이 모두 부서져 내려 사방으로 흩어졌다. 여러 모양의 얼음 조각들이 서로 부딪혀 넓적한 얼음 뗏목을 만들어 떠다니다가 하류로 모여들어서는 다시 커다란 얼음 섬을 만들었다.

  얼음 섬은 계속해서 강 아래쪽을 향해 흘러갔다. 나는 갑자기 늘어난 물과 얼음, 쓸려 내려간 바위들로 인해 포효하는 폭포 소리를 들었다.

  강을 덮고 있던 두꺼운 얼음도 밀려오는 봄기운을 이기지 못하고 깨지고 있었다. 어찌 보면 그 얼음을 깨지 않고서는 저 강물 속에 봄을 불러오지 못할 것이었다. 나 또한 다시금 완전한 집을, 완전한 나를 만들어야 한다는 강박관념을 깨뜨려야 한다는 생각이 들었다. 그리고 내 인생에 다시 봄날을 맞이하고 싶었다. 나는 다시 자유로워지고 싶었다.

테코와 나는 강이 다시 제빛을 되찾을 때까지 그곳을 떠나지 않았다. 강물은 여전히 빠르게 움직였지만 더 이상 울부짖지 않았다. 춤추듯 노래하는 투명한 강물 사이로 흔들림 없는 단단한 모랫바닥이 그 모습을 드러냈다.

이제는 저 강물 속에 뛰어들어 수영을 해도 좋을 것 같았다. 흠뻑 몸을 적실 준비만 된다면 언제든 말이다.

—준 레멘

한 그루의 나무를 심는다는 것

> 우리는 어느 날 문득, 나무들의 말을 듣게 될 것이다.
> 그들이 그곳에 뿌리를 내리고 잎을 키우고 열매를 맺은 것은 그 때문이다.
> **존 애시버리**

　몇 년 전 히스파니올라(서인도 제도에서 두 번째로 큰 섬)를 여행할 때, 우연히 잡지에 실린 사진 한 장을 보게 되었다. 그 사진의 절반은 울창한 나무로 인해 초록색이었지만 나머지 반쪽은 갈색과 회색으로 뒤덮여 있는 섬 하나를 담고 있었다. 다시 말해 그 섬의 반쪽은 숲이 우거져 있었지만 나머지 반쪽은 그야말로 불모지 상태였다. 두 지역의 선명한 경계가 바로 도미니카 공화국과 아이티의 국경이었다.
　아이티 사람들은 대부분 땔감으로 사용할 죽은 나뭇가지를 구하기 위해 수 킬로미터를 걸어가야 한다. 섬 반대쪽에서 수입해온 목탄을 구입할 만큼 형편이 넉넉하지 못한 까닭이다. 아이티에 머무르는 동안 목탄을 가득 담은 삼베 주머니를 실어 나르는 낡은 배들을 수도 없이 보았다. 그 삼베 주머니 하나를 채울 목탄을 만들어내려면 중간

크기의 나무 몇 그루가 필요하다고 했다. 이 얘기를 듣는 동안에도 배에 실린 수백 개의 삼베 주머니가 우리 앞을 지나 건너편 해변으로 향했다.

내가 2년 동안 일하면서 머물게 될 병원에서는 아이티에 나무 심는 사업을 추진하고 있었다. 그동안 어찌하지 못했던 운명에 맞서 작은 전쟁을 벌여볼 심산이었던 것이다. 산에다 옮겨 심을 수 있을 만큼 자랄 때까지 병원 직원들이 아카시아와 망고, 그리고 아몬드 나무의 작은 묘목들을 정성껏 돌봤다. 어느 날 오후, 이런 키 작은 나무들을 가져다가 살고 있는 마을의 언덕에 심겠다는 어린이들과 동행한 적이 있었다.

나는 밝은 색 교복을 입고 줄지어 걸어가는 어린이들의 뒤를 따라갔다. 머리에 묘목을 담은 상자를 이고서 맨발로 흙투성이 길을 지나면서도 이들은 모두 노래를 흥얼거렸다. 드디어 묘목을 옮겨 심을 곳에 도착했지만, 말라붙은 바위투성이 땅에다 이 어린 나무들이 뿌리를 내릴 수 있도록 구멍을 파는 일은 결코 쉽지 않았다.

일년 뒤에 나는 동료와 함께 우리가 묘목을 심었던 언덕에 다시 올랐다. 우리가 그 산에 심었던 나무는 200그루가 넘었지만, 아무리 둘러보아도 살아남은 나무는 채 열 그루가 안 되었다. 게다가 그 나무들 대부분은 잎이 누렇게 뜨거나 가지가 말라버린 것은 물론 옮겨 심을 때와 비교해 거의 성장하지 못한 상태였다. 이 모든 것이 비가 거의 내리지 않은 결과였다.

나머지 나무들은 변덕스러운 우기에 범람하는 물을 견디지 못하고 뿌리째 뽑혀 산 아래쪽으로 쓸려 내려가버린 것이 틀림없었다. 이들은 어디선가 가축, 특히 방목하는 염소들의 먹이로 사라져갔을 것이다.

생각이 거기에까지 미치자 문득, 이렇게 애쓰면서 나무 한 그루를 심는 것이 과연 무슨 의미가 있을지 혼란스러웠다. 나중에 못 쓰게 될 것까지 생각해 충분히 더 많은 나무를 심어온 그동안의 노력마저도 부질없이 느껴졌다.

이런 우울한 마음을 떨쳐버리기 위해 나는 친구와 함께 '나무 두 그루가 서 있는 곳'으로 도보여행을 떠났다. 내가 머물던 지역을 둘러싼 산은 경사가 너무 심해서 나무 두 그루가 붙어 서 있을 만한 곳이 한 군데 밖에 없었다. 그 나무 아래 만들어진 손바닥만한 그늘은 산을 오가며 물건을 실어 나르느라 지친 사람들이나 갑자기 몸이 아파 더 이상 걸어갈 수 없는 사람들이 잠시나마 열대의 타는 듯한 태양을 피해 쉬어갈 수 있는 더없이 소중한 공간이었다. 안타깝게도 그 중 한 나무가 얼마 전에 죽어서 잘라내야 했지만, 아직도 그곳은 모두에게 '나무 두 그루가 서 있는 곳'으로 남아 있었다.

'나무 두 그루가 서 있는 곳'을 지나서도 우리의 여정은 계속되었다. 게다가 벌써 몇 시간째 구름 한 점 없는 파란 하늘 아래서 작열하는 태양과 싸우고 있었다. 더 이상 나무가 없으니 당연히 쉬어갈 그늘도 없었던 것이다. 그때 몇 킬로미터나 떨어진 곳에서 물을 길어 집으로 돌아가는 아이티의 남루한 시골 아낙들이 우리 곁을 지나갔다. 터벅터벅 무거운 걸음을 옮기는 그들의 얼굴에는 아무런 표정이 없었다. 그들의 벌거벗은 발바닥에는 내 등산화에 박힌 징보다 더 두꺼운 못이 박혀 있었고, 그들이 밟고 가는 마른 땅의 갈라진 틈보다 더 깊은 주름이 패어 있었다.

정상을 앞두고 우리는 샛길로 접어들었다. 그러자 옹기종기 모여 앉은 작은 오두막 몇 채가 시야에 들어왔다. 오두막들 앞에는 하얀 돌로 만들어진 둥근 구조물 다섯 개가 세워져 있었는데 전에는 그런 것을 한번도 본 적이 없었다. 어느새 발동한 호기심 탓에, 우리는 그쪽을 향해 걸어가기 시작했다. 아마도 무덤을 만드는 사람들이나 빵을 굽는 사람들이 사는 곳이 아닐까 추측하면서 말이다. 하지만 아무리 걸음을 재촉해도 오두막은 가까워질 기미를 보이지 않았다. 게다가 우리가 산등성이를 넘을 때 어디론가 사라졌다가 또 다른 샛길로 들어설 때면 다시 모습을 드러내었다. 그곳에 한걸음씩 다가갈수록 우리의 궁금증은 더욱 커져갔다.

조금씩 그 모습을 드러내는 오두막 앞의 하얀 구조물들은 처음에 짐작했던 것보다 훨씬 컸다. 모두다 그 높이가 1미터를 훨씬 넘기고 있어 우리는 이것이 곡식을 저장하거나 빗물을 받아두는 장소가 아닐까 생각했다. 작은 동물들이나 가축들의 우리나 꼬마 아이들의 놀이터로 만들어두었거나, 종교적인 목적으로 지어놓은 것일지도 몰랐다.

드디어 구조물이 세워진 평원에 도착했다. 그리고 그제야 그것이 완전한 건물이 아니라는 사실을 확인할 수 있었다. 지붕 없이 담만 빙 둘러진 탓에 안에서 올려다보면 파란 하늘이 다 보일 것이었다.

더 이상은 호기심을 억누를 수 없었던 나는 타는 듯한 갈증도 잊은 채 가장 가까운 하얀 구조물로 향했다. 오직 앞만 보고 달려가는 어린아이처럼 말이다.

나는 태양에 뜨겁게 달궈진 하얀 담 안을 가만히 들여다봤다. 그리고 깜짝 놀라고 말았다. 나는 서둘러 다른 네 개의 담 안도 확인해 보았다. 분명히 그 안에는 모두 같은 것이 들어 있었다.

동그랗고 하얀 담 안에 자리하고 있는 것은 다름 아닌, 작지만 아주 건강한 나무 한 그루였다. 그렇게 모두 다섯 그루의 나무들이 다섯 개의 하얀 담 안에 몸을 감춘 채 바람이 몰아치는 메마른 산꼭대기에 힘겹게 뿌리를 내리고서 파란 하늘을 향해 가지와 잎을 키워가고 있었다. 그와 함께 이 나무를 심은 사람들의 꿈과 희망도 무럭무럭 자라나고 있었다. 비로소 나는 알게 되었다. 한 그루의 나무를 심는다는 것이 진정 무엇을 의미하는지 말이다.

—카렌 린 윌리암스

어김없이 다시 오는 봄

어린아이의 손을 살며시 잡는 것보다 더 기분 좋은 일이 또 있을까?
마조리 홀머스

에린도 여느 아이들처럼 여름 캠프에 가고 싶어 했다. 하지만 낭포성 섬유증(유전자 이상으로 신체 여러 기관에 이상을 일으키는 선천성 질병)으로 인한 폐 이상 때문에 숨을 쉬기도 벅찬 상태였다. 그럼에도 그 여린 몸속에는 섬세한 마음과 강한 의지, 밝은 정신이 깃들어 있었다. 딸아이는 신에게서 선물 받은 이 아름다운 세상을 너무나도 사랑했다.

에린에게 몸이 아파 할 수 없는 일이란 없었다. 언제나 굳은 의지로 약해져가는 몸을 일으켜 세웠다. 언니와 함께 뒷마당에다 텐트를 치고 야영을 하고 싶다던 그날 밤도 그러했다. 하지만 밤이 깊어갈수록 공기가 너무 차갑고 눅눅해졌고, 걱정스러운 마음에 잠 못 이루던 나는 에린이 잠든 사이를 틈타 집으로 살짝 데리고 들어왔다.

조심스럽게 침대에 눕히고 이불을 덮어주는데 어느새 깨어난 에린이 내게 속삭였다.

"엄마는 언제나 걱정이 너무 많아."

그러고는 툭툭 털고 일어나 다시 텐트로 돌아갔다.

도심 근처에 살던 우리는 에린이 여덟 살이 되던 가을에 나무가 우거진 시골로 이사했다. 혹시라도 에린의 건강에 도움이 되지 않을까 하는 마음에서였다. 그곳 농장에는 발을 담그고 놀 수 있는 작은 시내와 돌봐주어야 할 동물들과 가꿔야 할 정원과 마음껏 스키를 탈 수 있는 탁 트인 공간이 있었다. 에린은 너무나도 행복해 했다. 하지만 3학년이 되고 겨우 두어 달이 지났을 때, 더 이상 학교에 다니는 것이 불가능해지고 말았다. 숨 쉬는 것이 더욱 힘들어진 탓에 오랜 시간 집을 떠날 수 없게 되어버린 것이었다. 문득문득 멍하니 학교가는 길을 쳐다보는 딸아이를 보고 있노라면 마음이 너무 아팠다. 그럴 때면, 학교 가기 싫어서 꾀병을 부리는 것 아니냐고 부질없는 농담을 건네기도 했다. 그러면서 에린이 자신의 상황을 그저 아무렇지도 않게 받아들일 수 있기를 간절히 바랐다.

에린은 내게 단순한 딸이 아니라 둘도 없는 친구였다.

"이번 주가 얼른 갔으면 좋겠다."

어쩌다 내가 이렇게 투덜거리기라도 하면, 에린이 나를 다독였다.

"엄마는 참, 안 그래도 세월이 얼마나 빠른데."

에린과 나는 야외에서 시간 보내는 것을 아주 좋아했다. 우리는 함께 염소젖을 짰고, 닭들에게 모이를 주었으며 들에 핀 꽃을 찾아 들판을 거닐었다. 아름다운 봄날이면 화사하게 피어난 연령초(넓은 잎을 가진 백합과의 식물)의 하얀 꽃을 만날 수 있었고, 뜨거운 여름 햇살 아래서는 무성하게 자라나는 풀들의 기세를 꺾고 피어난 배짱 좋은 주황색 옥잠화와 보라색 국화들이 우리를 기다렸다. 어느 날, 돌아오는 오솔길에서 만난 파랑새에게 온통 마음을 빼앗기기도 했다.

에린은 그 지역 청소년 단체에 가입해서 해바라기를 기르기 시작했다. 내가 땅 위에 한 줄로 구멍을 내면 딸아이가 꽃씨를 뿌렸다. 그리고 정성을 다해 물을 주고 잡초를 뽑았다. 어느새 키가 훌쩍 커버린 해바라기를 차 지붕 위에 단단히 묶고서 지역 박람회에 출전하기도 했다. 영원히 잊을 수 없는 순간이었다.

에린은 이 모든 일에 열정을 다했다. 하지만 딸아이의 가장 큰 소망은 자신이 맞은 아홉 번째 여름에 여름 캠프를 떠나는 것이었다. 그것은 이룰 수 없는 꿈처럼 보였다. 에린이 하루에 두 번씩 받아야 하는 치료는 긴 시간과 특수한 장비들을 필요로 했기 때문이다. 게다가 딸아이는 밤에 '수증기를 채운 텐트' 안에서 잠을 자야 했다. 이 모든 일들이 가능한 캠프가 있을 리 없었다.

그 무렵 우리는 소녀들을 위해 낮에만 열리는 캠프가 있다는 사실을 알게 되었다. 마침 에린이 가입한 청소년 단체의 회원들에게도 참가 자격이 주어졌다. 그 단체의 지부에서 우리의 간곡한 청을 받아들여 주었고, 드디어 딸아이에게도 캠프에 참여할 수 있는 기회가 생겼다.

매일 아침 흥분에 들뜬 내 꼬마 숙녀가 환한 얼굴로 인사를 건네며 캠프장으로 향하는 버스에 올랐다. 그리고 그동안 마음속에 수도 없이 그려보았던 꿈같은 하루를 보냈다. 밤이면 집으로 돌아와 졸린 눈을 비비면서 끝도 없이 얘기보따리를 풀어놓았다. 딸아이는 무당벌레라는 애칭으로 불리는 캠프의 대장을 아주 좋아했다. 그리고 자신의 지도를 맡은 귀뚜라미 선생님 얘기를 할 때면 두 뺨이 발그레해지곤 했다.

"내가 너무 피곤해 하니까 귀뚜라미 선생님이 나를 업어주셨어. 그리고 둥지 안에 놓인 알록달록한 새알들을 보여주셨다고. 선생님하고 같이 사마귀를 찾아냈는데 데려오지는 못했어. 왜냐하면 그 녀석이 나쁜 벌레를 많이 먹어서 상태가 좋지 않았거든. 엄마, 남자 거북이가 여자 거북이한테 어떻게 말을 건네는지 알아? 남자 거북이한테는 붉은 눈이 있대. 오늘 내가 그린 그림을 보면 알 수 있을 거야. 얼른 가서 가져올게. 잠깐만 기다려."

쉬지 않고 재잘대는 에린의 얼굴에서는 미소가 떠날 줄을 몰랐다.

캠프 활동이 버거운 날이면 캠프의 지도원들은 어떻게든 에린이 참여할 수 있는 방법을 찾아냈다.

캠프에서 달리기 대회가 있던 날 에린이 내게 물었다.

"엄마, 한번 맞춰봐. 내가 오늘 뭐했을 것 같아?"

에린이 달릴 수 없다는 것을 알고 있던 나는 선뜻 대답하지 못했다.

그러자 에린이 빙그레 웃으며 말했다.

"초시계를 들고 결승선에 서서 선수들 기록을 쟀지!"

캠프에 참가하는 동안 하루는 그곳에서 밤을 보내게 되어 있었다. 나는 주저했다. 그때 나의 어린 시절 추억이 떠올랐다. 아이였던 내게, 잦아드는 모닥불의 온기를 느끼면서 반짝이는 별로 가득한 하늘 아래서 잠이 든다는 것은 그것만으로도 정말 대단한 일이었다. 내 딸 아이에게서 그토록 소중한 하루를 빼앗을 수는 없는 노릇이었다.

캠프에서 하룻밤을 보내고 집으로 돌아왔을 때 에린은 이미 녹초가 되어 있었다. 그리고 지난밤의 흥분이 채 가라앉기도 전에 깊은 잠에 빠져들었다. 지난밤 태어나서 처음으로 맛보았을 다른 사람들과의 끈끈한 유대감 때문일까, 연신 힘겨운 숨을 몰아쉬는 딸아이의 얼굴은 어느 때보다도 더 행복해 보였다.

그리고 나서 맞이한 아침에 에린이 내게 물었다. 내년에 다시 캠프에 참여할 수 있을지 말이다. 이번에 새로 사귄 친구들과 다시 만나고 싶다고 했다. 그리고 무엇보다도 귀뚜라미 선생님도 함께할 수 있기를 바랐다.

에린이 짐짓 심각하게 중얼거렸다.

"아무튼 일년 동안 너무 살이 찌면 안돼. 너무 무거워지면 귀뚜라미 선생님이 나를 업어 주실 수 없으니까."

11월 말에 에린이 폐렴에 걸리고 말았다. 병원에서 한 달 간 입원 치료를 받았지만 아무런 소용이 없었다. 그래서 우리는 크리스마스를 이틀 남겨두고서 집으로 돌아왔다. 병원에서 사용하던 산소 텐트 안에 누운 에린은 너무 아파 일어나 앉을 수도 없었지만 크리스마스에 입으려고 사둔 새 옷을 꼭 입어보고 싶어 했다. 그래서 머리쪽으로 입히려 시도했지만 옷이 들어가지 않았다. 병과 맞서 싸우느라 너무 커져버린 심장이 에린의 가녀린 갈비뼈를 밖으로 밀어낸 탓이었다.

크리스마스를 보내고 2주 뒤에 에린은 혼수상태에 빠졌다. 그리고 일주일이 지난 1977년 1월 16일 일요일, 에린이 내 품 안에서 조용히 숨을 거뒀다. 하얗게 내린 눈으로 온 대지가 꽁꽁 얼어붙은 날이었다.

그래도 봄은 어김없이 찾아왔다. 다시 온갖 야생화가 피어났고 얼었던 냇물이 녹아 강으로 모여들었다. 또다시 해바라기 씨를 뿌리고 물을 주고 잡초를 뽑으면서, 저 해바라기가 훌쩍 자라 예쁜 꽃을 피우면 에린이 또다시 여름 캠프에 갈 수 있을까 하고 부질없는 꿈을 꾸다가 어느새 혼자 맞는 이 봄이 어서 지나가기를 기도했다. 문득, 어디선가 에린의 목소리가 들려오는 것만 같았다.

'엄마는 참, 안 그래도 세월이 얼마나 빠른데.'

그리고 많은 세월이 흘렀다. 그 세월보다 더 빠르게 세상을 떠난 내 딸과 함께, 나는 해마다 또다시 돌아오는 아름다운 봄을 감사히 맞는다.

—로이스 도나후